碳纤维智能混凝土

韩菊红 著

黄 河 水 利 出 版 社

·郑 州·

内 容 提 要

本书是作者近年来对碳纤维混凝土力学性能、导电性能、压敏性能、温敏性能及在结构中的应用等方面研究工作的总结。全书共9章，内容包括绪论、碳纤维在水泥基复合材料中的分散性、碳纤维混凝土基本力学性能、碳纤维混凝土电阻率量测方法、碳纤维混凝土导电性能、碳纤维混凝土压敏性和温敏性、纳米导电材料改性碳纤维混凝土压敏性和温敏性、钢渣微粉改性碳纤维混凝土电热性能、碳纤维智能混凝土力电性能及在结构中的应用等。

本书可为从事土木、水利和交通市政工程的科技人员提供参考，也可供高等学校相关专业师生作为教学辅助材料。

图书在版编目(CIP)数据

碳纤维智能混凝土/韩菊红著. —郑州：黄河水利出版社，2021.1

ISBN 978-7-5509-2916-6

Ⅰ.①碳…　Ⅱ.①韩…　Ⅲ.①碳纤维增强复合材料-纤维增强混凝土　Ⅳ.①TU528.572

中国版本图书馆 CIP 数据核字(2021)第 015767 号

出 版 社：黄河水利出版社　　网址：www.yrcp.com

地址：河南省郑州市顺河路黄委会综合楼14层　　邮政编码：450003

发行单位：黄河水利出版社

发行部电话：0371-66026940、66020550、66028024、66022620(传真)

E-mail：hhslcbs@126.com

承印单位：广东虎彩云印刷有限公司

开本：787 mm×1 092 mm　1/16

印张：10.25

字数：179 千字

版次：2021年1月第1版　　印次：2021年1月第1次印刷

定价：60.00 元

前 言

混凝土作为土木工程领域用途最广泛的结构材料之一,经历了不同的发展阶段,从原始的普通混凝土—高强混凝土—高性能混凝土,发展到现在的智能混凝土。

智能混凝土是通过将极少量具有某种特殊功能的材料复合于传统的混凝土材料中形成的具有多功能特性或某一种特殊功能特性的新型土木工程结构材料。与其他智能材料相比,智能混凝土是多功能本征性智能材料,具备本征自感应、自调节功能,可从本质上提高工程结构的性能。

碳纤维混凝土是在普通混凝土中加入短切碳纤维而构成的纤维增强水泥基复合材料,是一种本征智能材料,既具有良好的力学性能,又具有一定的机敏特性,因而在道路、桥梁、大坝、海洋结构物、原子能发电站等大型复杂基础设施的健康监测方面展现出了良好而广阔的应用前景。

碳纤维智能混凝土的研究始于20世纪90年代,此后,国内外学者对碳纤维智能混凝土的研究一直在继续,其压敏性、温敏性、电热性、电磁屏蔽等一系列优良的功能特性始终是研究的热点。

作者对碳纤维混凝土力学性能、导电性能、压敏性能、温敏性能等方面进行了系列试验研究。本书汇总了这些研究成果,以期对从事碳纤维智能混凝土方面研究工作的科技人员和工程技术人员有所帮助。

本书除署名作者外,尚国秀参与了第1、2、3、5章的研究和撰写,李源参与了第3、4、6、9章的研究和撰写,王福玉参与了第3、5、6章的研究和撰写,王敦斌参与了第3、7章的研究和撰写,刘大超参与了第8章的研究和撰写。冯虎、袁小龙、赵蒙蒙、陈京钰和杨孝青等参与了部分试验工作,李泽龙参与了部分图表处理工作,王珂珣参与了部分文字处理工作。

本书的研究工作先后得到了河南省科技攻关(152102210037)、郑州市科技领军人才(131TLJRC674)、国家自然科学基金(51679221)和中原领军人才(2018)等项目的大力支持。另外,本书在撰写过程中还引用了大量的文献资料。在此,谨向为本书的完成提供支持和帮助的单位、个人及参考文献作者表示衷心的感谢!

限于作者的水平,书中难免存在不妥之处,敬请读者批评指正。

作　者

2020 年 10 月

目 录

第1章　绪　论

1.1　引　言

混凝土作为当代最主要的建筑材料之一,在工程建筑中占有重要的地位,在土木工程、海洋工程、水利工程等领域中得到了广泛的应用。19世纪初,波特兰水泥的出现揭开了人们利用混凝土的篇章,由于水泥原料容易获得,造价较低,可塑性强,制作工艺简单且具有较高的强度和耐久性,符合人类对于工程建设的需要,因此得到了工程师们的广泛认可。20世纪,随着混凝土组成材料以及各种添加剂的发展,混凝土的各种性能得到提升,人们对复合材料的认知也不断提高。随着大跨度桥梁、大体积水工建筑物等大型工程的出现,以及不断向地下、海洋、天空扩展,人们对混凝土性能的评价不仅仅局限于强度,耐久性等也作为混凝土综合性能的评价指标。由于混凝土材料存在的缺陷(抗拉强度低、内部存在气孔等)限制着混凝土性能的发挥,所以在工程实际运行中,几乎所有的混凝土都是带损伤工作的,尽管这些损伤都很微小,但在外荷载、外界化学因素的影响下,这些损伤可能就是混凝土破坏的诱因,从而导致混凝土开裂、强度减弱、耐久性降低。21世纪,人们对混凝土提出了更高的要求,不仅要求能满足建筑物的工作性能,还希望混凝土往智能化、多功能化方向发展(能感知本身材料的变化进行自我监控,能进行自我修复来延长混凝土的使用期限等),减轻对环境的压力。

智能混凝土是指在混凝土中添加智能材料,使其具有能感知自身变化、进行自我调节及自我修复的特性。智能混凝土的概念是在20世纪60年代由苏联科学家第一次提出,并将碳黑加入混凝土中来研究碳黑智能混凝土。20世纪90年代,美国科学基金会资助了关于水泥基智能材料的课题,拉开了关于智能混凝土研究的序幕,此后,各国学者开始了对智能混凝土的研究。在现今的科学研究中,智能混凝土大体分为几类:自感应混凝土、自适应自调节混凝土、自修复混凝土、电磁屏蔽混凝土。自感应混凝土是指将特殊材料掺入混凝土中来使混凝土具有感知自身变化特性,如通过掺加导电材料(有机聚合物导电介质、碳质导电介质、金属类导电介质等)来提高混凝土的导电性,通过电阻率的变化来了解混凝土内部结构的变化。美国的 D. D. L. Chung 教授将一定数量的短切碳纤维添加到混凝土中,发现混凝土具有良好的导电性,电阻率会随着内部结构的损伤情况发生变化。自适应自调节混凝土是指在一些特殊环境条件下,混凝土材料自身能对周围环境进行自我检测并根据需要来进行调节,达到自适应周围环境的要求。自修复混凝土是指能自我感知内部损伤并进行修复的混凝土,是模仿生物体受伤后能自愈的特性,在混凝土中添加修复黏结剂复合成的新型复合材料,如 Dry. Carolyn 教授将用空心胶囊包裹的黏结剂添加到混凝土中,在混凝土开裂时空心胶囊中的黏结剂将会流出来修复混凝土的裂缝。电磁屏蔽混凝土是指将一定量的电磁屏蔽材料添加到混凝土中,能使其隔绝电磁波的传播。现今,电视、广播、电脑、雷达等电子设备极速发展,电磁辐射已经遍布到人们生活的各个角落,在丰富我们生活的同时,电磁辐射也对人体的健康产生了严重危害以及影响一些精密电子元件的量测准确度。人们将电磁屏蔽材料(金属粉、金属纤维、石墨、碳黑、废轮胎钢丝等)添加到混凝土中,取得了较好的屏蔽效果。

在干燥条件下普通混凝土的电阻率一般为 $10^5 \sim 10^9\ \Omega \cdot cm$,将导电相(导电颗粒或导电纤维等)掺入普通混凝土中,发现混凝土的电阻率大幅度降低。混凝土的导电性,是决定混凝土智能化程度的关键。

水泥混凝土导电相材料研究主要集中在碳纤维(Carbon Fiber,CF)、钢纤维、钢渣、碳黑等材料上,近年来随着纳米级材料的兴起,人们对于纳米级导电材料兴趣大增,开始针对掺加了纳米碳黑、碳纳米管等微细导电材料的混凝土展开了研究。研究包括:不同导电相在混凝土中的导电机制,不同导电相在混凝土中的微观结构以及界面特性,不同导电相的混凝土在荷载、温度、干湿等条件下电阻变化率,不同导电相在混凝土中的分散性等。

碳纤维是一种含碳量在 95% 以上的微晶石墨材料,具有低密度、高强度、耐高温、耐磨损、耐腐蚀、耐疲劳、低电阻等一系列优异性能。在普通水泥基材料中掺入适量短切碳纤维,可使其电阻率得到较大幅度的降低,从而具有良好的导电性能。

碳纤维混凝土(Carbon Fiber Reinforced Concrete,CFRC)是将适量的短切碳纤维掺入普通混凝土中而制成的一种新型复合材料。碳纤维的加入,不仅可使混凝土的抗拉、抗折和韧性等力学性能得到改善,而且可大大降低混凝土的电阻率,使其具有明显的导电性。因其电阻率会随着外界条件的变化而变化,由此碳纤维混凝土具有压敏性、温敏性、电热性和电磁屏蔽等一系列优良的本征自感应、自调节等功能特性。

利用碳纤维混凝土的温敏性,可对建筑结构内部及周边环境温度变化实施实时监测,还可对结构进行温度自我调节,降低由于温差所产生的应力和变形,优化结构受力状态,提高结构的耐久性。利用压敏性,可对自身的应力状况和损伤程度进行诊断监测,实现桥梁、大坝等重要基础设施工程的实时在线监测和损伤评估,还可应用于道路交通称重系统;在循环荷载作用下,碳纤维混凝土的体积电阻率会随着循环次数的增加而产生不可恢复的单调增加,利用此特性可对混凝土结构的疲劳损伤进行有效监测。利用电热性,可应用于冬季寒冷地区路面、桥面等除冰化雪,还可利用材料热胀冷缩的原理对结构局部进行预升温以使其产生有利的预应力,增大结构的承载能力。利用电磁屏蔽特性,可防止在军事、银行及商业建筑中由于电磁泄漏带来的危害。利用导电特性,可对结构内部受力钢筋实施阴极保护,保护钢筋免遭锈蚀,此外可应用于避雷接地材料等。

由此可见,碳纤维智能混凝土的研究有很大的现实意义和应用前景。

1.2　国内外研究现状

碳纤维混凝土属于智能混凝土的一种,其电学性能的研究始于20世纪90年代,此后,人们对碳纤维混凝土的研究一直在继续,研究包括:碳纤维在混凝土中的分散性,碳纤维在混凝土中的导电机制,碳纤维混凝土的电阻率模型,碳纤维在混凝土中的微观结构以及界面特性,碳纤维混凝土在荷载、温度、干湿等条件下电阻率的变化规律等。

1.2.1　碳纤维在水泥基复合材料中的分散性研究

如何实现碳纤维在水泥基材料中均匀分散及与基体界面更好黏结是碳纤维水泥基复合材料(Carbon Fiber Cement-based Composites,CFCC)在研究制备及开发应用过程中遇到的难点问题之一。由于碳纤维质轻,不及水泥比重的一半,而且碳纤维的直径比水泥颗粒粒径小得多,所以两者混匀有一定的难度。因为碳纤维表面具有疏水性,导致碳纤维在水泥浆体中分散困难,须采取多种措施以改善其在水泥基体中的分散情况,这些措施主要有加入分散剂、对碳纤维进行表面氧化处理及采用更合理的搅拌工艺。

1.2.1.1　加入分散剂

加入分散剂是改善碳纤维表面疏水性的主要方法之一。常用的碳纤维分散剂主要有甲基纤维素(Methyl Cellulose,MC)、羧甲基纤维素钠(Caboxy

Methyl Cellulose，CMC）、羟乙基纤维素（Hydroxyethyl Cellulose，HEC）等。

美国纽约州立布法罗大学的 D. D. L. Chung 团队研究发现，甲基纤维素（MC）作为一种表面活性剂，能在纤维表面形成一层稳定的薄膜，一方面能够阻止已分散开的碳纤维重新聚集成团，另一方面能降低碳纤维表面的张力和水泥基体表面能，可以有效促进碳纤维在水泥浆体中的分散。另外，甲基纤维素的加入会在碳纤维搅拌的过程中引入一定量的气泡，而且甲基纤维素的水溶液属于胀流型流体，还会增加水泥浆体的稠度。为减少气泡的含量和改善水泥浆体的流动性能，通常须同时加入一定剂量的消泡剂与减水剂。国内张晖、孙清明、李卓球研究了羧甲基纤维素钠（CMC）和硅灰等表面活性剂对碳纤维分散性的影响。结果表明，随着羧甲基纤维素钠掺量的增加，碳纤维的分散性得到提高。当羧甲基纤维素钠掺量为 0.8%、硅灰掺量为 15%时，CMC 和硅灰的共同作用使碳纤维在水泥基体中分散性最佳，且当 CMC 掺量为 0.8%时，CFRC 的电阻率变动系数也最小。王闯等研究了甲基纤维素（MC）、羧甲基纤维素钠（CMC）、羟乙基纤维素（HEC）三种常用分散剂掺量对短碳纤维分散性的影响，发现碳纤维的分散性与分散剂的种类及其掺量有关，而 HEC 则是三种分散剂中最为理想的分散剂；另外，采用超声波对短碳纤维进行预分散，然后加入分散剂继续超声分散，能有效提高碳纤维的分散性。钱觉时等通过试验研究，也发现聚羧酸减水剂（Polycarboxylate Superplasticizer，PC）对碳纤维有良好的分散效果。掺入超细掺和料也能改善碳纤维表面疏水性能。硅灰又称微硅粉，是一种密度很小的微细颗粒，可以在水泥颗粒之间起到填充孔隙的作用。研究表明，将一定量的微硅粉加入水泥基复合材料中可以有效提高碳纤维的分散性。

1.2.1.2　碳纤维表面处理

碳纤维表面处理是改善碳纤维分散性的又一重要手段。碳纤维直径细小，表面不含活性基团，呈现疏水性。研究发现，对碳纤维表面进行氧化处理，可以提高碳纤维对水的浸润性，改善纤维表面疏水性。目前，碳纤维的表面处理方法主要分为氧化法和非氧化法两大类。氧化法按氧化介质和化学反应类型的不同主要分为气相氧化法、液相氧化法、气液双效氧化法、电化学氧化法。非氧化法主要分为气相沉积法、电聚合法、偶联剂涂层法、晶须法、等离子体法等。

1. 气相氧化法

气相氧化法是将碳纤维在空气、二氧化碳、臭氧、氧气和水蒸气等氧化性气体中进行氧化处理以改善其表面性能。该方法具有工艺和设备简单、成本低等特点。其中,臭氧氧化法的工艺参数易于控制,处理效果显著,其处理过程是:将碳纤维置于160 ℃的臭氧体积含量为0.6%的强氧化环境中,使纤维表面发生氧化反应。研究发现臭氧处理可以改变纤维表面碳元素和氧元素之间的化学键连接形式,从而可以使碳和水的接触角减小到0°,提高碳纤维对水的浸润性,有效改善碳纤维在水泥基体中的分散性。D. D. L. Chung、贺福等学者用臭氧对碳纤维表面进行氧化处理,研究发现处理后的碳纤维表面活性官能团数量增多、比表面积增大,可改善其在水泥基体中的分散性。W. H. Lee等将碳纤维在氧气与氮气的混合气体中进行氧化处理,发现氧化处理的纤维和未处理的纤维表面最大的区别是处理后的纤维表面有较多的羰基。

2. 液相氧化法

液相氧化法是将碳纤维浸入到某种氧化性溶液中,通过氧化溶剂与碳纤维表面发生氧化反应,使碳纤维表面极性含氧官能团数量增多。液相氧化法中使用的氧化剂种类较多,如硝酸、高锰酸钾、次氯酸钠、双氧水、过硫酸铵等,其中硝酸是液相氧化中研究较多的一种氧化剂。这些氧化溶剂多为酸性溶液,对碳纤维表面起到刻蚀作用,有利于纤维与水泥基体界面更好地黏结。中南大学李庆余等学者研究了不同工艺的液相碳纤维表面氧化处理,研究结果表明,采用浓度为10%的硝酸、超声波、80 ℃恒温、处理时间5 min的工艺对碳纤维进行表面液相氧化处理,得到的碳纤维表面含氧基团含量最高。关新春等研究了经过次氯酸钠溶液(NaClO)氧化处理前后碳纤维表面性能、碳纤维与水泥石界面黏结性能的变化,结果表明,表面氧化处理可以提高碳纤维表面对水的浸润性,改善碳纤维与水泥基材的界面黏结性能,提高碳纤维水泥基材料的压敏特性。武汉理工大学等用双氧水对碳纤维进行表面氧化处理,结果表明,当水泥砂浆中加入经过双氧水处理的碳纤维时,电阻率的变异系数明显小于使用未经处理的碳纤维水泥砂浆(CFRM)。因为经过双氧水处理后,纤维表面的氧含量远远高于处理前,而碳含量大大降低,碳纤维表面活性官能团数量增多。

3. 气液双效氧化法

气液双效氧化法是先用液相涂层,然后气相氧化,使碳纤维自身的抗拉强度及其与复合材料的界面黏结力均得到提高。该方法虽然兼具液相补强和气相氧化的优点,但同时存在气、液相氧化法共同的不足之处,即反应激烈,反应条件难以控制。王大鹏、侯子义等用气液双效氧化法对碳纤维进行表面处理,将溶解一定量的沥青的四氢呋喃作为液相涂层剂,将涂层以后的碳纤维高温烘干。研究发现,碳纤维的气液双效氧化法表面处理可以改善纤维的分散性,而且提高了碳纤维的抗拉强度和复合材料的层间剪切强度。在循环荷载作用下,用这种经表面处理的纤维制成的碳纤维混凝土对应变变化感应的稳定性和可重复性也得到有效提高。

4. 电化学氧化法

电化学氧化法即阳极电解氧化法,是利用碳纤维的导电性,将碳纤维作为阳极置于电解质溶液(电解质可以是无机酸及盐、有机酸及盐或碱)中,电解液中含阴离子在电场作用下向阳极碳纤维移动,在其表面放电而生成原子态的氧,并进行氧化反应生成含氧官能团,从而改善碳纤维的分散性。北京化工大学刘杰等用浓度为10%的 NH_4HCO_3 溶液为电解质,对碳纤维进行表面氧化处理。研究表明,经电化学氧化改性后,碳纤维表面碳含量降低了10%~12%,氧含量提高了75%~86%,氮含量提高了50%至2倍。改性后碳纤维表面羟基和羰基明显增加。

5. 气相沉积法

气相沉积法是在碳纤维表面制备热解碳,改变纤维表面形貌,从而改善碳纤维在水泥基体中的分散性。王闯等研究发现通过气相沉积法进行表面处理,可以显著改善纤维表面结构,增加碳纤维的浸润性,并借助后续超声波和分散剂的协同作用实现碳纤维的均匀分散。但气相沉积法所需温度高,有一定的危险性,而且工艺条件苛刻,还难以实现广泛的工业化应用。

6. 涂层法

涂层法主要有偶联剂涂层法和聚合物涂层法。偶联剂涂层法可以改善碳纤维与水泥复合材料界面的黏结性能。但由于碳纤维表面的官能团数量及种类较少,只用偶联剂处理的效果并不理想,偶联剂涂层法与氧化处理结合效果更佳。丁庆军、李悦等通过对碳纤维表面氧化处理、先氧化处理后偶联剂处理两种处理方法的对比,发现两种方法均能提高碳纤维对水泥的增强效果,但氧化处理碳纤维方法效果更佳。

由上述可知,碳纤维表面处理方法各有特点。气相氧化法的优点是氧化时所需设备简单,反应时间短。但该方法的缺点是随着氧化处理时间的延长和温度的升高,碳纤维强度会有所损失,同时,由于氧化反应较激烈,反应条件难以控制,反应温度得不到精确控制,可能导致强度损失过大而影响碳纤维水泥复合材料的力学性能。与气相氧化法相比,液相氧化法更温和,不易使纤维表面产生过多沟槽、裂解等现象,而且在一定条件下含氧官能团数量较气相氧化法多。但液相氧化处理多用于碳纤维的间歇式氧化处理,而且氧化性液体会对设备造成严重氧化腐蚀,还不易从碳纤维表面彻底清除。电化学氧化反应条件缓和,处理时间短,而且可以通过控制电解温度、电流密度、电解质质量分数等工艺条件实现对氧化程度的精确控制,使纤维氧化更均匀。经氧化后含氧官能团和含氮官能团数量明显增加,提高碳纤维与水的浸润性,因此它是目前最具实用价值的方法之一。

1.2.2 碳纤维混凝土的电学性能研究

国内外学者对碳纤维混凝土电学性能的研究始于20世纪90年代。

1.2.2.1 短切碳纤维作为导电相材料

美国的D. D. L. Chung教授及其课题组对碳纤维水泥基复合材料的机敏性能进行了研究,主要研究内容有:提出并建立了碳纤维插入、拔出压阻模型,认为碳纤维水泥基复合材料在拉应力作用下,纤维拔出,电阻增大,在压应力作用下,纤维插入,电阻减小;研究了碳纤维水泥基复合材料在单调荷载、循环荷载及冲击荷载作用下电阻或电阻率的变化,认为CFRC导电性能的变化是材料受载过程中其内部微小裂纹的不断发展和贯穿造成的,当轻微损伤发生时,CFRC弹性模量保持不变,而不可逆电阻部分增加,当发生严重损伤时,CFRC弹性模量降低且其基础电阻也在增加,使用CFRC可以实现对结构的健康监测;研究了电极的种类和测试方式、极化效应、湿度等对压阻性能的影响,认为四电极法比二电极法有更高的应变系数、更有效的应变感知能力,采用植入不锈钢电极比表层涂刷银粉可获得更好的电阻应变线性关系,湿度对材料压阻性能影响不大;在砂灰比一定的情况下,分析了碳纤维掺量、粗骨料和细骨料的含量对CFRC渗流阈值的影响,提出了在碳纤维混凝土中存在三种渗流,分别为碳纤维体积掺量、水泥净浆体积掺量、水泥砂浆体积掺量,认为只有当三种渗流同时存在时,CFRC才能获得最小电阻率。

加拿大的N. Banthia等对碳纤维水泥砂浆、钢纤维水泥砂浆和混杂掺入上述两种纤维的水泥砂浆的体积电阻率进行了研究,试验结果表明:在相同纤维体积掺量下,碳纤维水泥砂浆的体积电阻率最小;存在一个碳纤维的体积临界掺量,当超过此掺量时碳纤维水泥砂浆体积电阻率不再明显降低,趋势变缓。

另外,国外的Manuela Chiarello等对影响CFRC导电性能的主要因素(碳纤维掺量、纤维长度、龄期、砂灰比)进行了研究,发现龄期对渗流阈值没有显著影响;碳纤维掺量达到渗流阈值后,再增加碳纤维掺量对导电性能影响不大;随砂灰比增大,CFRC导电能力下降明显。Dragos-Marian等采用直流电源,研究在等幅循环加载情况下碳纤维混凝土电阻变化率,发现内部的细小损伤会反映在电阻率的变化上,电阻变化率与应变变化之间具有规律性。S. Ivorra 等研究了硅粉颗粒大小对 CFRC 力学性能的影响,发现甲基纤维素的添加降低了 CFRC 的抗压强度,而硅粉的加入极大地弥补了这一缺陷;甲基纤维素的加入降低了 CFRC 的弹性模量,而其抗弯强度没有下降;粒径在 5~15 μm 的硅粉颗粒对 CFRC 抗压强度和抗弯强度提高幅度最大。B. Demirel 等对碳纤维水泥基材料在可变和固定频率下的压阻性能进行了研究,发现随着输入电流频率的增加,材料的导电性得到提高,而在固定频率下,随着荷载的增加,由于内部微观裂缝的闭合导致相邻碳纤维的搭接,导电能力增加,当试块出现折断时,导电能力迅速下降。

国内张跃等对碳纤维复合材料的导电机制进行了有益的探讨,并提出隧道效应理论,认为水泥基碳纤维复合材料的导电是由于导电良好的碳纤维均匀分散在绝缘的水泥基体中,在电场作用下,碳纤维内部结构中的 π 电子在外加电场的作用下穿透邻近纤维间的势垒,从一根纤维穿透至另一根纤维,形成隧道效应。

黄龙男、张东兴等在混凝土结构中构造一定厚度的碳纤维增强混凝土机敏层,并通过实时监测电阻变化率,可对结构的实时荷载和变形程度进行预报;对 CFRC 抗弯试件进行了试验分析,探讨了不同载荷工况下 CFRC 抗弯试件的电阻变化规律,得到 CFRC 抗弯试件上层电阻随载荷的增加先减小后增大,下层电阻随载荷的增加而增大;在重复载荷作用下,CFRC 抗弯试件受拉区电阻不断增大,受压区电阻先减小后增大,残余电阻的存在反映了试件内部存在损伤和损伤积累;在交变载荷作用下,碳纤维混凝土试件的电阻随着循环荷载周期次数的增加而增大,直至破坏。

另外,杨元霞等用纤维分散系数及变异系数等评价碳纤维长度及掺量、搅拌工艺、分散剂和水灰比等诸因素对碳纤维分散性能的影响。认为采用合理的搅拌工艺(先掺法投料顺序、合理的搅拌时间)、适宜的水灰比,可以明显改善碳纤维的分散性。而分散剂的应用则是实现 CFRC 中碳纤维以单丝态分散的关键。孙明清等用试验方法研究了 CFRC 试件在单向受压时试件尺寸和加载速率对其压敏性的影响,发现压敏性随试样尺寸(高度)的增加而增加,这表明试样尺寸对压敏性有影响,而加载速率对 CFRC 的压敏性没有影响。吴献等研究了碳纤维水泥基复合材料(CFRC)的压敏性。在弹性阶段,对试件施加循环荷载,量测在荷载作用下试件电压,将试验结果进行比较,分析在相同荷载作用下试件电压重复程度以及试件电压与荷载的关系。通过换算,把电压与荷载的关系表示成电阻与压应力的关系,发现在循环荷载周期次数增加的情况下,试件电压变化表现出较好的重复性,试件电压反映了试件内部的变形情况。CFRC 表现出较好的压敏性,碳纤维混凝土荷载与电阻变化率近似呈线性关系,从而可实现动态称重。王有志等对碳纤维混凝土在水环境作用下的导电及抗渗能力进行了研究,发现混凝土龄期、缺陷面积和水压力对CFRC 导电性能有较大影响,而与缺陷的数量和位置无关。赵晓华等试验研究了短切碳纤维增强水泥基复合材料的压阻效应, 获得了正、负两种压阻效应相互转换的全过程,并从隧道效应和孔隙的连通性角度对该现象的产生机制进行了探讨,结果表明:在连续烘干和单向循环加载条件下, CFRC 的压阻效应会随含水率变化而发生改变。多数情况下, CFRC 的体积电阻率随压应变单调减小, 压阻效应为正;含水率越小, 正压阻效应越明显;当含水率减小到 3. 19%～ 4. 04%时, CFRC 的体积电阻率随压应变单调增大, 压阻效应为负。姚武等采用两极法和四极法对 CFRC 电阻值进行测试,结果表明,两种方法都能得到稳定的电阻值,但两极法的测试结果包含了测试电极的电阻和电极与 CFRC 材料之间的接触电阻,难以准确反映 CFRC 材料的真实电阻值,采用四极法测试可消除电极电阻和接触电阻。唐祖全、李卓球在碳纤维水泥基复合材料基于电学性能的融雪化冰方面的应用做了重点研究。彭勃、朱录涛等对 CFRC 中碳纤维长度分布进行了研究,发现搅拌制度对碳纤维的长度分布有重要影响;在保证充分分散的前提下,碳纤维平均长度越大,其抗折强度越大,电阻率越小。王闯对短切碳纤维在不同分散剂中的分散性进行了研究,得到相同条件下分散剂对碳纤维的分散效果为 HEC>CMC>MC,且 HEC 掺量为水泥质量的 0. 6%～0. 8%时,碳纤维在水溶液中呈现出良好的分散状态。杨伟东、孙建刚等分析了硅粉掺量、温度、甲基纤维素(MC)含量对碳纤维混凝土力电性能的影响,发现硅粉掺量为 15%时有利于提高碳纤维混凝土的强度和压敏性;吴献等研究了碳纤维水泥基复合材料的压敏性,研究表明 CFRC 表现出较好的压敏性,碳纤维混凝土条块具有的荷载与电阻变化率近似呈线性关系,从而可实现动态称重。

王秀峰等研究了碳纤维水泥复合材料电导率与纤维体积掺量的变化关系,认为可以用渗流理论来描述二者的关系。材料结构中存在导电渗流现象。碳纤维体积掺量决定了碳纤维水泥基复合材料中能否形成导电渗流网络。对于一定结构的材料,纤维长径比确定后,电导渗流阈值便确定,纤维长径比与渗流阈值成反比。姚武等运用隧道效应和欧姆定律建立了描述材料导电性的数学模型,并推导了材料电导率与材料内部微观结构参数、载流子运动参数的关系。

1.2.2.2　纳米碳纤维作为导电相材料

近年来随着纳米级材料的兴起，人们开始针对掺加了纳米碳纤维（Carbon Nanofibers，CNF）、纳米碳黑等纳米导电材料的混凝土展开研究。

纳米碳纤维是一种新型的纳米材料，通过裂解碳氢化合物制备出来的石墨纤维，其直径分布在50～200 nm，长度为0.5～100 μm。纳米碳纤维不但具有普通碳纤维的高弹模、导电、导热等特性，还具备纳米材料的一些特性，如结构紧密、缺陷少等。目前，纳米碳纤维多用在聚合物、陶瓷基体中，应用在混凝土中的研究不多。Ho Michelle，Song Gangbing 等将 CNF 薄纸掺入水泥砂浆中观察其导热性能，发现通电 2 h 后均能使水泥砂浆温度从-20 ℃恢复至 0 ℃，起到很好的融雪化冰的效果；Metaxa，Zoi S，Konsta Gdoutos，Maria S 等将纳米碳纤维添加到水泥砂浆中，发现纳米碳纤维能减缓微裂缝的产生，进而提高了抗拉性能；Gay，Catherine，Sanchez，Florence 将羧酸基高效减水剂添加到混凝土中，发现其有利于纳米碳纤维的分散，当加入纳米碳纤维占水泥质量的0.2%时，混凝土的劈裂强度提高 22%，同时掺加硅粉的混凝土劈裂强度提高26%；梅启林、王继辉等采用纳米碳纤维-环氧树脂复合材料研究纳米碳纤维的导电性能，发现纳米碳纤维具有良好的导电性，且其渗流阈值为 0.1%～0.2%；高迪、彭立敏等将纳米碳纤维添加到自密实混凝土中，研究不同掺量的纳米碳纤维对混凝土导电性能的影响、经不同分散剂处理的纳米碳纤维在混凝土中分散情况和不同加载情况下电阻变化率，发现采用聚羟酸盐处理，同时配合使用适量的消泡剂使纳米碳纤维在混凝土中分散良好，体积掺量质量百分比在 1%～2%时，其导电性能较好，纳米碳纤维混凝土在受压情况下，其电阻率随着应变的增大而减小，且电阻变化率与应变间呈现很好的线性关系，掺加体积掺量为 2%的纳米碳纤维的自密实混凝土在循环受压条件下，加载时混凝土电阻率随着应力增大而减小，卸载时其电阻率随着应力的减小而增大，与应力呈对数关系。

碳纳米管是由石墨烯片卷曲形成的纳米级管，是日本电镜学家 Lijima 在1991 年偶然发现的一种纳米晶体纤维材料，当卷曲壁为单层时，称为单壁碳纳米管（SWCNTs），其直径范围一般在 0.6～2 nm，由于单壁碳纳米管的直径分布范围小，所以具有更高的均匀一致性；当卷曲壁为多层时，称为多壁碳纳米管（MWCNTs），其直径范围一般在 2～100 nm，在形成的时候，层与层之间容易形成各种缺陷，造成卷曲壁上存在各种缺陷。在碳纳米管中，碳原子采用的是 SP2 杂化且纤维长径比比较大（一般在 1 000 以上），因而碳纳米管具有较好的力学性能、导电性能、传热性能。Azhari Faezeh，Banathia Nemkumar 将碳纳米管与碳纤维混合掺入水泥砂浆中，并与单掺碳纤维的 CFRM 进行了对比，发现在不同加载速率下，混合掺入的 CFRM 压敏性更稳定；Li，Geng Ying 等将用硫酸、硝酸处理和未处理的碳纳米管添加到混凝土中，进行对比分析后发现碳纳米管的添加使混凝土表现出良好的压敏特性，但经硝酸、硫酸处理后其压敏特性明显提高了 1.5 倍；姚武、左俊卿等将碳纳米管与碳纤维混合添加到水泥砂浆中，观察电热特性，发现较低掺量碳纳米管的掺入不仅能有效地提高水泥基体性能，而且能提高其电热性能，掺量较低（掺量小于占水泥质量的 0.5%）时就能显著提高砂浆的基本力学性能，密实内部结构，在掺量为 0.5% 时，混合掺入的 CFRM 温差电势率最多可提高 2.6 倍；马雪平、葛智等将分别用十二烷基硫酸钠、十二烷基苯磺酸钠、乙醇等处理的碳纳米管添加到混凝土中，发现不同种类、不同浓度的分散剂对碳纳米管的分散都有影响，同时碳纳米管的掺入会提高混凝土的抗折强度，但是过多的碳纳米管掺量会使用水量增大，影响混凝土的工作性能；张蛟龙、朱洪波等研究了碳纳米管在超声波分散、PVP 表面活性剂作用下的分散情况以及对混凝土力学性能的影响，发现单独采用超声波分散碳纳米管效果不明显，结合 PVP 表面活性剂和超声波分散有利于碳纳米管在水泥基体中的分散；李庚英、王培铭研究了将碳纳米管掺入水泥砂浆中力学性能的变化及微观结构，发现碳纳米管的掺入使水泥砂浆内部变得更加密实，直径大于 50 nm 的内部孔隙降低 0.25%、总孔隙率降低 4.7%，与掺入碳纤维后直径大于 50 nm 的内部空隙增加 8.93%、总孔隙率增加 8.8% 相比，显然碳纳米管的掺入能提高砂浆的抗压强度和抗折强度。

1.2.2.3 碳纤维钢渣作为复合导电相材料

钢渣是一种在炼钢时排出的工业废弃物，主要由钙、铁、硅、镁、铝等的氧化物（硅酸三钙、硅酸二钙、氧化钙、金属铁、铁铝酸钙等）组成。钢渣中成分含量随着炼钢炉的类型、钢种的不同存在较大的差异。钢渣一般在 1 500～1 700 ℃形成并呈液态，经冷却后成块状，呈灰色、深褐色。20 世纪初期，人们开始研究钢渣的利用，处理钢渣的方法主要有热泼法和水淬法，热泼法工艺简单，但用水量大，水淬法由日本的新日本钢铁公司采用，周转快，节省空间和投资，对环境的污染较轻。钢渣可以作为炼铁溶剂，直接添加到高炉中，并且循环使用；西欧各国将高磷钢渣掺加到酸性土壤中，钢渣中的钙、硅等微量元素有利于植物的生长；钢渣可以作为填坑和填海的材料；钢渣可以添加到混凝土中，代替部分的水泥熟料，节约能源，减少对环境的污染。

Thannhauser 等对 FeO 电导率进行测试研究发现，FeO 在室温下的电导率可以达到 2 000$(\Omega \cdot m)^{-1}$，较一般的碳纤维电导率高；同时发现，在室温下，Fe_3O_4 的电导率为 $2.5 \times 10^4(\Omega \cdot m)^{-1}$。而钢渣微粉是炼钢过程中的废弃物，铁的氧化物的含量在 18%～30%，因此在混凝土中添加廉价的钢渣微粉（市场价为每吨 400 元），可以提高混凝土的导电性；同时碳纤维混凝土中钢渣微粉的掺入一定程度上可以改善混凝土的工作性能。

秦鸿根、王元纲等将磨细的钢渣微粉掺加到干粉砂浆中，发现钢渣微粉既是活性剂，也是矿物增稠剂。在干粉砂浆中掺加适量的钢渣微粉后，干粉砂浆表现出良好的工作性能，28 d 的抗压强度最大可提高 250%，还具有良好的耐久性、微膨胀、低收缩等特性；孙家瑛等将比表面积 450 m^2/kg 的钢渣微粉添加到混凝土中，研究不同掺量下的钢渣微粉对混凝土抗压强度、碳化、抗海水侵蚀、抗冻性等指标的影响，发现当钢渣微粉掺量为 10%时混凝土的抗侵蚀、抗冻性和抗碳化性均优于普通混凝土；许孝春、李晓目等在碳纤维混凝土中掺加水淬钢渣，观察不同细度、不同掺量的钢渣对混凝土抗渗性能、抗冻性能的影响，发现单掺碳纤维会使混凝土抗渗性能降低，掺加钢渣后的碳纤维混凝土的抗冻性提高且随着钢渣的细度、碳纤维的掺量增大而提高；易龙生、温建等研究在不同研磨时间下钢渣微粉的粒度特性以及添加到水泥砂浆中工作性能的变化，发现长时间的研磨使钢渣的活性增强，比表面积增大，钢渣粒径在 10～20 μm 时对水泥砂浆的抗压强度起促进作用，大于 20 μm 时会降低水泥砂浆的抗压强度，提出要使钢渣水泥混凝土具有更好的抗压强度，应该提高 10～20 μm 粒级的含量，同时减小粒径大于 20 μm 的含量；唐祖全、钱觉时等将不同掺量的风淬钢渣添加到混凝土中，发现钢渣的掺入有利于混凝土电阻率的降低，电阻率随着钢渣掺量的增大而降低且稳定性提高，钢渣研磨后掺入混凝土中电阻率的降低更明显，研磨时间越长，电阻率的降低越明显；贾兴文、钱觉时等发现钢渣的细度对混凝土的压敏性没有影响，钢渣掺量占水泥质量的 100%～400%时配置的混凝土具有良好的导电性和力学性能，在弹性范围内加载，钢渣混凝土电阻率随着荷载的增加而减小，当荷载超过某一限值时，电阻率下降速度逐渐缓慢，钢渣混凝土的抗压强度随着钢渣掺量的增加而减小，抗压强度较低的钢渣混凝土的压敏性更明显，钢渣细度对钢渣混凝土的压敏性没有影响；贾兴文、唐祖全等研究了在不同加载速率、不同上限值循环加载条件下钢渣混凝土导电性能的变化情况，发现钢渣掺量大于占水泥质量的 50%时，混凝土具有良好的压敏性，当循环加载上限值取抗压强度的 50%时，第一次加载时混凝土的电阻变化率明显高于后面加载的电阻变化率，当循环加载上限值只取20%时，第一次加载的电阻变化率要小于后面加载的电阻变化率。

1.2.3　碳纤维混凝土的电热性能研究

电热效应是指导电体在绝热条件下，当接通外加电源时，其内部产生电流而使自身温度升高的现象。

加拿大的 Xie Ping，J. J. Beaudoin 等研究了钢纤维水泥基复合材料（复掺了钢屑）的电热效应，在实验室将这种复合材料用于融雪化冰的试验。美国的 Wen 等将水泥质量 0.4%的钢纤维和 0.5%的碳纤维以及 15%的硅灰添加到水泥基中，使水泥基复合材料可作为一种高效的电热器，认为其电热性能接近典型的半导体电热性能。国内李仁福等将石墨粉掺入普通混凝土中，利用其导电性进行了混凝土室内地面采暖的尝试，即将水泥质量的 25%导电性能良好的石墨掺入到普通混凝土中，制成导电性能良好的导电混凝土，在外加电场作用下产生电热效应，可用于地面的采暖。李卓球等对碳纤维混凝土研究发现，当混凝土中碳纤维体积含量为 0.73%时能满足融雪化冰的要求。车广杰等将碳纤维丝缠绕在直径较小的铁丝上，做成碳纤维发热丝，并埋设于普通混凝土中，认为这种碳纤维的掺加方式在外加电场作用下可以使混凝土均匀发热，满足融雪化冰的要求。赵娇等将高掺量的碳纤维加入到水泥基复合材料中，对复合材料的电热效应也做了一定的研究，认为碳纤维含量取水泥质量的 2%时，水泥基复合材料的电阻具有较好的稳定性。孙明清等认为以玻璃纤维为骨架制作的碳纤维–玻璃纤维格栅，可以埋设于混凝土路表面 5 cm 以下，能进行路面的融雪化冰。

另外，刘宝举等对碳纤维水泥石电阻率的影响因素进行了研究，发现除其自身的极化特性及测试设备精度对电阻率有影响外，电极的制作和电阻率的测试方法是影响混凝土电阻率的主要因素；同时研究发现，使用电极采用内插法要比外贴法得到的混凝土的电阻率小很多。试验表明，水泥复合材料中所采用的电极及电极的布置也将成为碳纤维混凝土板制作工艺极其重要的环节，影响到其后续的应用。

随着混凝土导电性能研究的不断深入，碳纤维作为导电相材料的优越性也逐渐显现。将碳纤维掺加到混凝土中不仅可以对混凝土起到阻裂作用，而且可以克服钢纤维锈蚀、玻璃纤维在高碱下强度受损的缺点。当掺加的碳纤维达到一定量时，可以显著提高混凝土的抗拉强度、改善耐磨性能以及新旧混凝土之间的黏结强度，提高混凝土的耐久性以及抗冻融能力。因此，掺加碳纤维的混凝土，即碳纤维混凝土，不仅具有良好的导电性，而且在一定程度上提高了其耐久性和力学性能。

1.3　研究中存在的问题

尽管碳纤维混凝土在导电性方面表现出了优越性，但由于碳纤维不易在混凝土中均匀分散，且影响碳纤维混凝土导电性能的因素较多，致使其在电热效应等方面的研究及应用仍然存在一些问题，成为影响碳纤维智能混凝土工程推广及应用的难点。分析总结以往的研究还存在如下问题：

(1) 在碳纤维分散性问题上，国内学者研究了碳纤维掺量、搅拌工艺、外加剂等对分散性的影响，但对碳纤维分散性影响最大的分散剂的选择及掺量研究较少。

另外，国内对纤维表面氧化处理方面的研究较多，但这些研究侧重于碳纤维在化工材料方面的应用。国外 D. D. L. Chung 教授用臭氧对碳纤维进行表面氧化处理效果较好，但对温度的条件要求高，不易满足实际工程。

(2) 在导电性方面，碳纤维水泥基材料的研究主要集中在水泥砂浆阶段，而对于实际工程应用中的较为常见的含粗骨料碳纤维混凝土，研究相对较少。由于粗骨料的加入，碳纤维混凝土导电性能影响因素较水泥砂浆有所不同；目前研究成果中混凝土配合比的制定呈现出多样性，不利于成果之间的纵向比较；在低电阻混凝土的配置过程中，高掺量的碳纤维丝分散性研究相对较少。

(3) 由于纳米材料更容易扩展到混凝土各个部分，发挥更好的填充作用，其中一些导电的纳米材料与碳纤维共同掺入混凝土中，可能会形成更好的导电通道。在碳纤维混凝土中掺加纳米材料，如纳米碳黑、纳米硅粉、碳纳米管等来提高混凝土的性能。目前，对于微细导电材料掺入碳纤维混凝土形成的复相导电混凝土的导电特性研究较少。

(4) 碳纤维混凝土用于融雪化冰时，其成本价格为等体积普通混凝土板价格的 5~6 倍。在制作导电发热混凝土中，电极的设计是一个非常重要的环节。现有试验研究中应用碳纤维混凝土电热效应进行融雪化冰的电极布置时，最大间距为33 cm，即每1 m的距离需要布置4个直电极，每个电极至少引出一根导线，可以想像施工路面上引出的导线之多，并且插入直电极要保证电极方向和它们之间的间距，不便于施工。

如能解决上述问题，将会在很大程度上推动碳纤维混凝土在工程中的应用。

1.4　本书研究的主要内容

本书研究针对碳纤维水泥基复合材料，通过系列试验，主要进行了碳纤维分散性、碳纤维混凝土导电性能、碳纤维混凝土压敏性、碳纤维混凝土温敏性等诸多方面的研究，并取得了一系列创新性研究成果，以期为碳纤维混凝土在实际工程中的应用提供技术支持。主要研究内容如下。

1.4.1　碳纤维在水泥基复合材料中的分散性研究

考虑安全性、稳定性、成本等因素，本书着重研究了三种工程中最常用的分散剂对碳纤维的分散效果与配合比方案，并研究了工程中易操作的两种碳纤维表面氧化处理方法对碳纤维分散性的影响，分别用新拌料浆法、硬化试件电阻率测试法、扫描电子显微镜(SEM)分析法评价碳纤维在水泥基复合材料中的分散情况，根据试验结果选择出分散效果最好的分散剂，用于碳纤维混凝土的制作。

1.4.2　碳纤维混凝土基本力学性能试验研究

结合碳纤维在水泥基体中的分散性试验成果进行碳纤维混凝土试件的制作，试验研究了碳纤维掺量对碳纤维混凝土抗压强度、劈拉强度和抗折强度的影响，并分析了其影响规律。

1.4.3　碳纤维混凝土电阻率量测方法及影响因素研究

系统研究了电极材料和电极面积、量测电压、量测方法、湿度、龄期、极化效应对碳纤维混凝土电阻率量测结果的影响，得到一种能比较准确反映碳纤维混凝土电阻率的量测方法，可用于下面导电特性、温敏性、压敏性试验研究中电阻率的量测。

1.4.3.1　碳纤维混凝土导电性能试验研究

结合碳纤维分散性及CFRC基本力学性能研究试验成果进行碳纤维混凝土试件制作和电阻率量测，系统研究了碳纤维长度、碳纤维掺量、砂灰比对碳纤维混凝土导电性能的影响，得到碳纤维混凝土电阻率最低时的材料配置参数，为温升试验提供支持。

1.4.3.2　碳纤维混凝土压敏性试验研究

结合碳纤维分散性及CFRC电阻率影响因素试验成果进行碳纤维混凝土试件制作和电阻率量测，通过测试不同碳纤维掺量下碳纤维混凝土的压敏性，得到压敏性最好时碳纤维掺量。

1.4.3.3　碳纤维混凝土温敏性试验研究

结合碳纤维分散性及CFRC基本力学性能研究的试验成果进行碳纤维混凝土试件制作和电阻率量测，试验研究了不同碳纤维掺量下碳纤维混凝土的温敏特性，并分析了其影响规律。

1.4.4　纳米导电材料对碳纤维混凝土电学性能影响试验研究

结合CFRC基本力学性能及压敏性试验成果进行碳纤维混凝土试件制作和电阻率量测，系统研究了纳米碳纤维、纳米碳黑、钢渣微粉这三种纳米导电材料掺加到碳纤维混凝土中压敏特性和温敏特性的变化，分析了其温敏特性和压敏特性变化规律并探讨了其作用机制。

1.4.5　钢渣微粉改性碳纤维混凝土电热性能试验研究

结合CFRC导电性能及压敏性试验成果进行碳纤维混凝土试件制作和电阻率量测，通过测试不同掺量钢渣微粉掺加到碳纤维混凝土中的电阻率，得到导电性能最好时的钢渣微粉掺量；在该掺量下配置钢渣微粉改性碳纤维混凝土，研究不同工况、不同电极下钢渣微粉改性碳纤维混凝土板的温升效果。

1.4.6　碳纤维智能混凝土在结构构件中应用试验研究

根据CFRC电阻率及压敏性试验成果进行碳纤维混凝土梁、柱的受力性能试验，探讨荷载作用下碳纤维混凝土智能块电阻率与试件位移、应变的对应关系，并给出其拟合曲线方程，用以对结构构件的应力状况和损伤程度进行诊断监测。

本书研究的技术路线如图1-1所示。

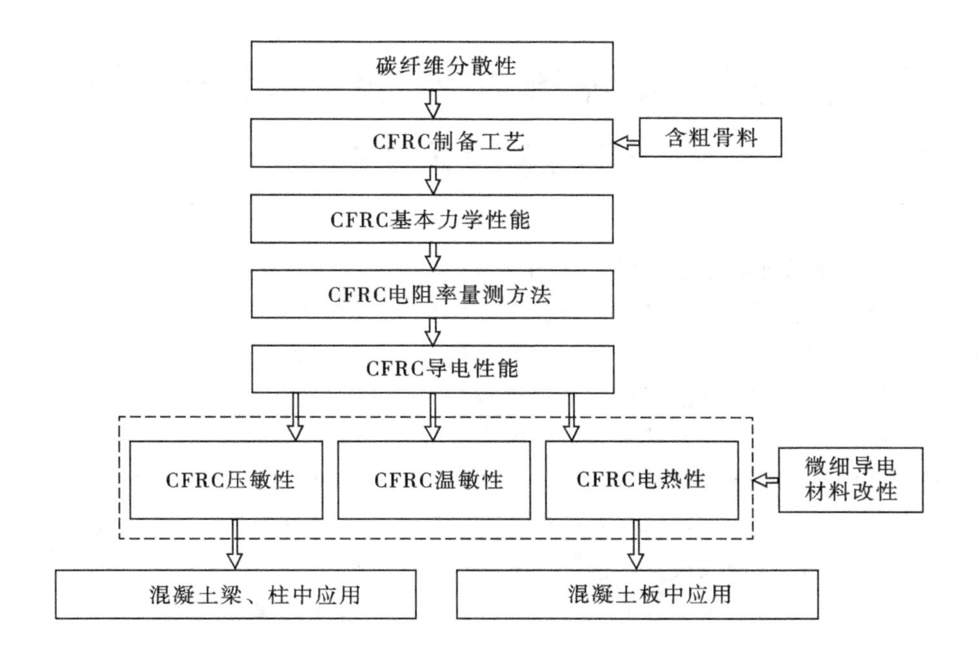

图 1-1　本书研究的技术路线

第 2 章　碳纤维在水泥基复合材料中的分散性

碳纤维智能混凝土的压敏性、温敏性和电热性都与它的导电性能密切相关，导电性能的优劣将直接影响碳纤维混凝土的机敏程度。导电能力越强，对外界应力、温度、荷载等的变化感应能力越强。短切碳纤维在混凝土中的分布越均匀，得到的电导性越稳定，电阻率越小，其力学性能也越好。

短切碳纤维在水泥基复合材料中的分散性是碳纤维混凝土界关注的热点问题，也是影响碳纤维智能混凝土工程推广及应用的因素之一。国内外学者较多研究搅拌工艺、碳纤维掺量、外加剂、氧化处理等对碳纤维分散性的影响，但对分散剂的选择以及与其他分散方法的对比研究较少，本章将针对碳纤维在水泥基复合材料中的分散性，围绕分散剂、碳纤维表面氧化处理两个方面展开试验研究，为碳纤维混凝土的制作提供支持。

采用分散剂溶液分散碳纤维丝由于操作简单，不需要较为复杂的试验设备，且同样能获得分散良好的碳纤维，在实验室中得到了较为广泛的应用。在 CFRC 制作过程中，目前较为常见的碳纤维分散剂主要有三种：羧甲基纤维素钠（CMC）是一种水溶性纤维素醚，属于阴离子型表面活性剂；甲基纤维素（MC）是一种水溶性化合物，属于非离子型表面活性剂；羟乙基纤维素（HEC）是一种水溶性高分子化合物，属于非离子型表面活性剂。此三种分散剂均含有极性羟基基团，其可与碳纤维丝表面的极性羟基基团或羰基基团及水分子之间形成氢键，能够有效改善碳纤维丝的疏水性。

本章着重研究上述三种常用的分散剂和两种碳纤维表面氧化处理方法对碳纤维分散性的影响，并分别用新拌料浆法、硬化试件电阻率测试法和 SEM 分析法评价碳纤维在水泥基复合材料中的分散效果；采用浓硝酸（HNO_3）和次氯酸钠溶液对碳纤维表面进行氧化处理，并对不同方式处理的碳纤维表面进行扫描电镜表面形貌分析。

根据试验结果选择出分散效果好的分散剂，用于碳纤维混凝土的制作。

2.1　碳纤维在水泥基体中分散性能的主要影响因素

2.1.1　分散剂

分散剂是一种长链高分子聚合物,从流体力学的角度解释,它的加入会改变悬浮液的流变特性,使其具有较低的雷诺数,即流动状态转为有序,这样大大限制了纤维在水中运动的自由度,减少了纤维之间的相互运动,减少了纤维间相互碰撞而产生的絮聚。分散剂的水溶液呈胶体状,碳纤维因吸附分散剂溶液使其表面形成一层薄薄的润滑膜,起到水溶性润滑剂的作用,使纤维减少摩擦相互滑过而不致缠结;悬浮液黏度的增加及分散剂的空间位阻作用增加了碳纤维在介质中的悬浮性,延长了纤维沉降再絮聚的时间。分散剂的加入可降低液体的表面张力,在液体中产生气泡。气泡对纤维的分散有一定的促进作用,即使得纤维彼此保持分离,从而防止纤维接触,阻止纤维黏合、成团,促使纤维以单丝态均匀分散在溶液中。

2.1.2　微硅粉

微硅粉是冶炼硅铁合金和工业硅时产生的 SiO_2 等气体被空气中的氧气迅速氧化冷凝形成的一种超细非结晶硅,它的直径是普通硅酸盐水泥颗粒的1/100倍。在碳纤维水泥基复合材料中掺入一定比例的微硅粉,一方面可以填充水泥与纤维间缝隙,提高纤维在基体中的分散性;另一方面微硅粉中的 SiO_2 等活性成分会与水泥水化产物 $Ca(OH)_2$ 发生反应,生成C-S-H($CaO-SiO_2-H_2O$)凝胶,提高骨料与水泥浆体间的黏结强度。

2.1.3　碳纤维表面处理

通过对碳纤维进行表面氧化处理的办法来提高纤维在溶液中的浸润性和在基体中的黏结性能,从而改善纤维在水泥浆体中的分散性。对碳纤维表面氧化处理后,纤维表面所含的各种含氧极性基团和沟壑明显增多,粗糙程度增加,但对纤维主体的破坏不大。

2.2　碳纤维分散性能评价方法

目前,表征评价碳纤维分散性的方法主要有新拌料浆法、硬化试件电阻率测试法、SEM 分析法、分散性模拟试验法等。

2.2.1　新拌料浆法

新拌料浆法是从新拌的碳纤维混合料浆的不同部位取出等量的试样 n 份,称重,再用水洗去试样中的水泥和硅粉颗粒,经过烘干、称重得到各试样中的碳纤维含量 X_i,计算试样中碳纤维质量的标准差 $S(X)$,继而求出质量变异系数 CV,定量表示碳纤维的分散程度 $\overline{X}$。计算公式如下:

$$CV = S(X)/\overline{X} \tag{2-1}$$

$$S(X) = \left[\frac{1}{n-1}\sum_{i=1}^{n}(X_i - \overline{X})^2\right]^{1/2} \tag{2-2}$$

式中　n——取样份数($n=6$);

X_i——第 i 份试样中碳纤维的含量,g/100 g 水泥;

$\overline{X}$——试样中碳纤维的平均含量,g/100 g 水泥;

$S(X)$——试样中碳纤维的标准差。

从式(2-1)、式(2-2)可以得出,质量变异系数 CV 越小,碳纤维的分散情况越好。

2.2.2　硬化试件电阻率测试法

硬化试件电阻率测试法是在原材料、养护工艺和测试方法固定的情况下,通过四电极法量测不同组分及其掺量下试样的电阻率,进而计算电阻率变异系数 CV_R,间接判断碳纤维在水泥基复合材料中的分散情况。计算公式如下:

$$CV_R = S(R)/\overline{R} \tag{2-3}$$

$$S(R) = \left[\frac{1}{n-1}\sum_{i=1}^{n}(R_i - \overline{R})^2\right]^{1/2} \tag{2-4}$$

式中　n——一组试件中的个数($n=6$);

R_i——一组试件中第 i 个试件的电阻率,$\Omega \cdot$ cm;

$\overline{R}$——一组试件电阻率的平均值,$\Omega \cdot$ cm;

$S(R)$——一组试件电阻率的标准差。

从式(2-3)、式(2-4)可以得出,电阻率变异系数 CV_R 越小,碳纤维的分散情况越好。

2.2.3　SEM 分析法

将拌和好的混合料制成试件,硬化后取样,在扫描电子显微镜(SEM)下观察断面形貌,可以直观地看到碳纤维在水泥浆体中的分散状态。

2.2.4　分散性模拟试验法

在透明烧杯中装入掺有分散剂的水溶液,将少量的碳纤维投入其中,用玻璃棒搅拌后观察纤维的分散状况,如图 2-1 和图 2-2 所示。

图 2-1　碳纤维分散效果(左起:MC、CMC、HEC)

(a)使用CMC分散剂前

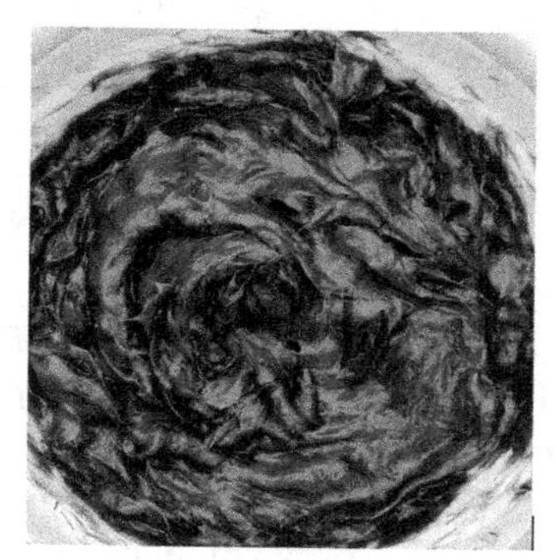

(b)使用CMC分散剂后

图 2-2　分散剂对碳纤维分散效果对照

图 2-1 是碳纤维分别在 MC、CMC、HEC 水溶液中的分散情况,可以看出,HEC 对碳纤维分散性的促进作用最为明显,碳纤维在 MC、CMC 两种水溶液中的分散情况区别不明显。

图 2-2 所示为碳纤维在 CMC 分散剂溶液中分散前后的对照。从图 2-2 中可以看出,在不加分散剂的情况下,碳纤维在水溶液中成团簇状,搅拌作用对其分散影响不大,碳纤维表现出强烈的憎水性。加入分散剂搅拌后,可以改善碳纤维表面的憎水性,在相邻的碳纤维之间形成薄薄的润滑膜而增加其滑动性有利于分散,碳纤维呈现良好的分散状态。

该方法可以直观地观察碳纤维在溶液中的分散状况,操作简便。由于该方法通过肉眼观察得到结果,所以存在一定的误差,只能定性地对比分散效果,如果定量分析分散剂掺量对碳纤维分散效果的影响,还需结合其他方法。

以上四种碳纤维分散性的研究方法各有其特点,可以根据不同情况自行选择。若想定性分析某因素对碳纤维分散性的影响,可选择分散性模拟试验法。若想定量分析某因素含量对分散性的影响,应选用新拌料浆法及硬化试件电阻率测试法,同时结合扫描电子显微镜(SEM)对碳纤维分散性进行全面研究。

通过预试验及分析,本章选用新拌料浆法及硬化试件电阻率测试法,研究不同的分散剂对碳纤维在水泥基复合材料中分散性的改善效果。

2.3　碳纤维分散性试验原材料和试验内容

2.3.1　试验原材料

(1)碳纤维:目前常用的短切碳纤维主要分为两类:一类是以聚丙烯腈(PAN)为原材料的PAN基碳纤维;另一类是以沥青作为原材料的沥青基碳纤维,其中PAN基碳纤维的导电性比沥青基碳纤维好。

本试验选用日本东丽公司生产的9 mm长的PAN基碳纤维(见图2-3),基本性能参数见表2-1。

图2-3　短切碳纤维

表2-1　碳纤维单丝基本性能参数

项目	内容
纤维种类	PAN基
单丝直径(μm)	6
抗拉强度(GPa)	5.04
拉伸模量(GPa)	232
含碳量	≥95%
伸长率	2.10%
密度(g/cm^3)	1.8
外观	灰黑色
体积电阻率(Ω·cm)	1.5×10^{-3}

(2)水泥:42.5 级普通硅酸盐水泥。

(3)水:洁净自来水。

(4)细骨料:天然河砂,细度模数为 2.6。

(5)消泡剂:采用磷酸三丁酯。

(6)减水剂:采用 FDN 高效减水剂。

(7)微硅粉:平均粒径 0.1~0.2 μm,比表面积 20~28 m^2/g。

(8)分散剂:选用的三种分散剂是 MC、CMC、HEC。MC 是一种水溶性化合物,属于非离子型表面活性剂;CMC 是一种水溶性纤维素醚,属于阴离子型表面活性剂;HEC 是一种水溶性高分子化合物,属于非离子型表面活性剂。分散剂基本性能参数见表 2-2。

表 2-2　分散剂基本性能参数

分散剂	外观	密度(g/cm^3)	生产单位
MC	白色纤维状粉末	1.3	上海惠广精细化工有限公司
CMC	白色纤维状粉末	0.7	
HEC	乳白色纤维状粉末	0.75	

(9)氧化溶液:选用的两种氧化溶液是浓硝酸和次氯酸钠溶液,无水乙醇用来清洗高温氧化后的碳纤维,其基本性能参数见表 2-3。

表 2-3　化学试剂基本性能参数

试剂名称	浓度(%)	密度(g/mL)	沸点(℃)	生产单位
浓硝酸	65.0	1.4	83	天津市永大化学试剂有限公司
次氯酸钠	10.0	1.1	102.2	
无水乙醇	99.7	0.79	78.3	

(10)电极:不锈钢网,25 mm×20 mm。

(11)主要设备:直流稳压电源、数字万用表、水泥净浆搅拌机、烧瓶、玻璃棒。

2.3.2　试验内容

本章主要试验内容见表 2-4。

表 2-4　碳纤维在水泥基复合材料中分散性测试内容及试件特征值

序号	测试内容	试件规格	测试方法	试验变量	试件总个数
1	分散剂对碳纤维分散性的影响（系列Ⅰ）	100 g	新拌料浆法	分散剂 MC、CMC、HEC	72 个（12 组×6 个）
2	分散剂对碳纤维分散性的影响（系列Ⅱ）	40 mm×40 mm×160 mm	硬化试件电阻测试法	分散剂 MC、CMC、HEC	72 个（12 组×6 个）
3	碳纤维表面氧化处理对碳纤维分散性的影响（系列Ⅰ）	切片	SEM 分析法	浓硝酸、次氯酸钠	27 个（3 组×9 个）
4	碳纤维表面氧化处理对碳纤维分散性的影响（系列Ⅱ）	40 mm×40 mm×160 mm	硬化试件抗折试验	浓硝酸、次氯酸钠	72 个（12 组×6 个）

2.4　碳纤维在水泥基复合材料中分散性试验

2.4.1　新拌料浆法

2.4.1.1　试验设计

本试验旨在对比不同分散剂的分散效果及每种分散剂不同掺量对分散性结果的影响。试验选用 MC、CMC、HEC 三种分散剂，每种分散剂掺量分别为水泥质量的 0.4%、0.6%、0.8%和 1%，共计 3×4＝12（组）。

水灰比为 0.45，微硅粉掺量为水泥质量的 15%，碳纤维掺量为水泥质量的 0.8%，减水剂掺量为水泥质量的 1%，消泡剂掺量为水泥质量的 0.03%（均表示与水泥质量的百分比）。原材料单位用量如表 2-5 所示。

2.4.1.2　试验方法

将分散剂溶于总水量 30%的水中（CMC 溶于 30～40 ℃的温水中，其余两种分散剂溶于 20 ℃左右的自来水中），搅拌至完全溶解，然后依次加入消泡剂、碳纤维，搅拌至碳纤维束完全分散开。将水泥、硅灰、减水剂和剩余的水依次投入净浆搅拌机中搅拌 2 min，然后加入分散好的碳纤维，再搅拌 2 min。

表 2-5　新拌料浆法试验原材料单位用量

试验号	主要材料用量(kg/m^3)							
	分散剂		碳纤维	水泥	水	微硅粉	减水剂	消泡剂
1	MC	2.9	5.8	731	329	110	7.3	0.2
2		4.4						
3		5.9						
4		7.3						
5	CMC	4.6	5.8	731	329	110	7.3	0.2
6		7.0						
7		9.3						
8		11.6						
9	HEC	4.6	5.8	731	329	110	7.3	0.2
10		7.0						
11		9.3						
12		11.6						

从新拌好的料浆的不同位置取出 6 份试样,每份质量均为 100 g。用水和 60 目的细筛除去水泥和微硅粉,反复冲洗至碳纤维表面无残渣。然后将洗好的碳纤维烘干称重,用 X_i 表示。试验流程如图 2-4 所示。

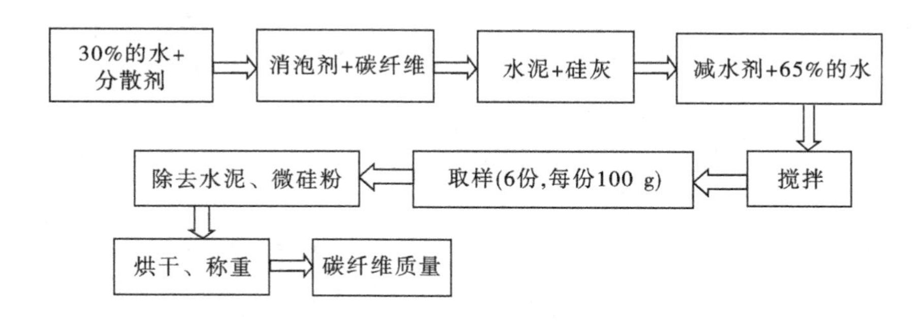

图 2-4　新拌料浆法试验流程

2.4.1.3　**试验结果及分析**

试验结果如表 2-6 所示。

表 2-6　新拌料浆试验结果

试验号	X_1(mg)	X_2(mg)	X_3(mg)	X_4(mg)	$\overline{X}$(mg)	S(mg)	CV
1	521	647	655	546	592. 3	68. 68	0. 116
2	533	544	611	451	534. 8	65. 62	0. 123
3	451	623	605	471	537. 5	89. 01	0. 166
4	482	713	555	689	609. 8	109. 94	0. 180
5	477	553	464	386	532. 0	68. 39	0. 129
6	639	500	600	613	588. 0	60. 87	0. 104
7	543	654	700	467	591. 0	105. 72	0. 179
8	629	432	587	477	534. 0	92. 12	0. 173
9	532	619	698	661	550. 0	71. 38	0. 130
10	469	512	582	541	587. 0	47. 63	0. 081
11	431	420	562	480	473. 3	64. 66	0. 137
12	632	576	454	476	534. 5	83. 93	0. 157

分散剂类型及其掺量与碳纤维质量变异系数 CV 的关系如图 2-5 所示。

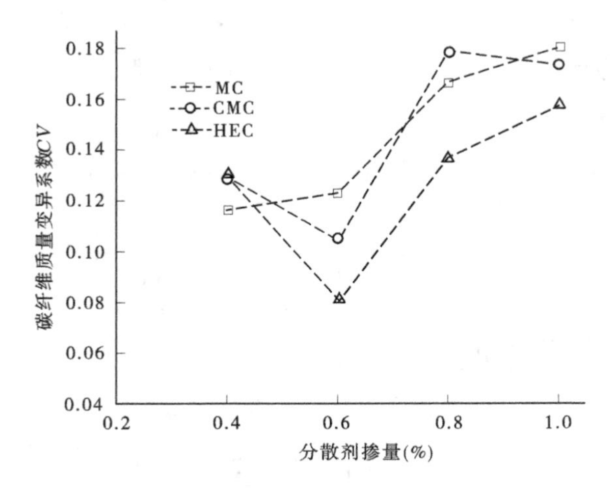

图 2-5　分散剂类型及其掺量与碳纤维质量变异系数 CV 的关系

从图 2-5 中可以得出：

(1)当分散剂掺量为 0.4%时，三种分散剂对应的质量变异系数差别很小，这时 MC 所对应的质量变异系数最小。这是因为在三种分散剂中 MC 黏度最大，有利于碳纤维在溶液中分散。

(2)随着分散剂掺量的增加，MC 对应的质量变异系数呈增大趋势，而 CMC 和 HEC 对应的质量变异系数则呈先减小后增大的趋势。这是因为 MC 在水中溶解的速度最快，而且黏度最大，0.4%对 MC 是一个较合适的掺量，但当浓度继续增大时，因黏度过稠反而降低了碳纤维在溶液中的分散；而 CMC 和 HEC 在低掺量时溶液的浓度低，不足以使碳纤维较好地分散开，随着掺量的增加，溶液的浓度达到了一个合适的范围，即掺量为 0.6%时，质量变异系数达到最低。随着掺量的进一步增大，溶液浓度过大、黏度过稠，阻碍了碳纤维的流动，所以分散性随之降低。

(3)总体上，HEC 所对应的碳纤维质量变异系数最小，即 HEC 相对 MC 和 CMC 对碳纤维的分散效果更好。HEC 掺量为 0.6%时，碳纤维的分散效果最好。

2.4.2　硬化试件电阻率测试法(系列Ⅱ)

2.4.2.1　试验设计

本试验旨在通过测试不同分散剂及其掺量对水泥砂浆试件电阻率变异系数的影响，间接反映出三种分散剂对碳纤维在水泥基体中分散性能的影响。

为提高砂浆和易性，水灰比取 0.55，砂灰比为 1∶1，其余材料配合比同新拌料浆试验。MC、CMC、HEC 所对应的掺量分别为碳纤维质量的 0.4%、0.6%、0.8%和 1%，共 12 组。原材料单位用量如表 2-7 所示。

2.4.2.2　试验方法

碳纤维水泥基复合材料试件制备的关键在于使短切碳纤维尽可能均匀分散到水泥基体中，依据碳纤维和骨料的投放顺序，碳纤维水泥基复合材料的制作工艺主要分为三种。碳纤维水泥搅拌的投料顺序主要是指碳纤维相对于水泥而言的加入顺序，主要有：同掺法(干拌法)——碳纤维和水泥干拌后加水；先掺法(湿拌法)——碳纤维先投入拌和水中搅拌，然后掺入水泥；后掺法(半干拌法)——水泥加水拌和成浆后再加入碳纤维搅拌。

表 2-7　硬化试件电阻测试试验原材料单位用量

试验号	主要材料用量(kg/m³)							
	水泥	水	砂	微硅粉	减水剂	分散剂		碳纤维
1	542	298	542	81	5.4	MC	2.2	3.8
2							3.3	
3							4.3	
4							5.4	
5	542	298	542	81	5.4	CMC	2.2	3.8
6							3.3	
7							4.3	
8							5.4	
9	542	298	542	81	5.4	HEC	2.2	3.8
10							3.3	
11							4.3	
12							5.4	

注：微硅粉掺量为水泥质量的 15%，碳纤维掺量为水泥质量的 0.8%，减水剂掺量为水泥质量的 1%，消泡剂为水泥质量的 0.03%，分散剂（MC、CMC、HEC）分别占水泥质量的 0.4%、0.6%、0.8%、1%。

试验发现：采用先掺法得到的试件电阻值最小，其次是后掺法，同掺法电阻值最大。其原因是单凭搅拌难以将束状的碳纤维均匀分散开来。试验中还发现，投料顺序对碳纤维的分散性具有很大影响。将碳纤维在分散剂溶液中搅拌一段时间，再向其中加入微硅粉，碳纤维在此乳胶溶液中更易分散，而加入微硅粉会改善溶液黏性，有利于碳纤维均匀分散。

本试验选用先掺法，试件制备流程如图 2-6 所示。

试件尺寸为 40 mm×40 mm×160 mm，成型后的试件如图 2-7 所示。

2.4.2.3　试验结果及分析

试件电阻率的大小取决于碳纤维相互搭接形成导电通路的多少，因此电阻率受碳纤维分布最差断面的控制。在碳纤维掺量一定的情况下，碳纤维分散越均匀，其导电性越好，电阻率变异系数也越小。

由硬化试件电阻测试法得到的三种分散剂及其掺量与电阻率变异系数的

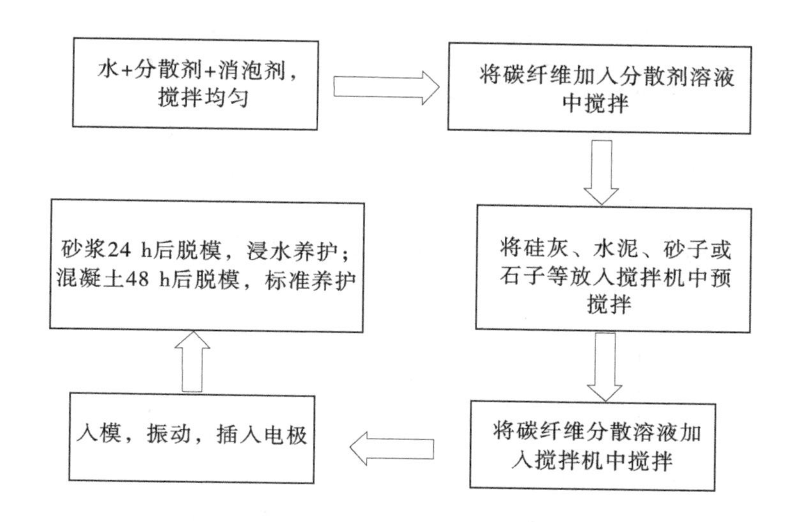

图 2-6　试件制备流程

图 2-7　碳纤维水泥基复合材料试件

关系如图 2-8 所示。

从图 2-8 可以得出：

（1）当碳纤维掺量为 0.8%、分散剂掺量为水泥质量的 0.4%时，MC 所对应的试件电阻率变异系数最小。

（2）随着分散剂掺量的增大，MC 所对应的电阻率变异系数呈现先增长后略降低的趋势，而 HEC 和 CMC 则正好相反，呈现先降低后增长的趋势。

（3）MC、CMC、HEC 掺量分别为 0.4%、0.8%、0.6%时，对应电阻率变异系数最小。虽然各分散剂对应的最佳掺量不同，但从整体可以看出，除 0.4%掺量外，在其余掺量下，HEC 所对应的电阻率变异系数值最小，即 HEC 的分散效果最好，且分散剂掺量不宜大于 0.8%。

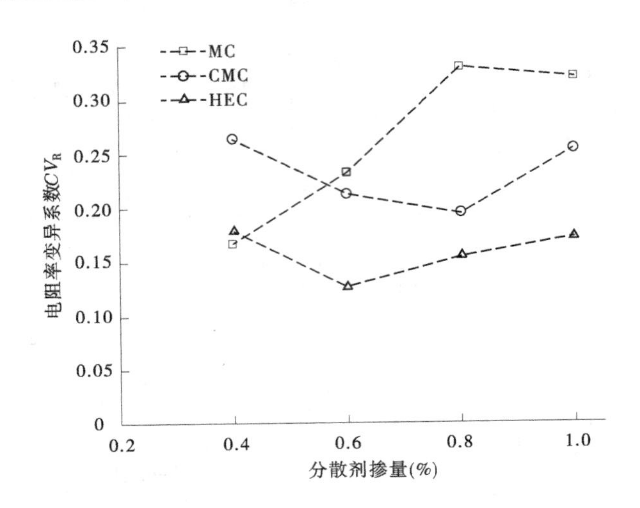

图 2-8　分散剂及其掺量与电阻率变异系数的关系

(4)以上结果与新拌料浆法试验结果一致。

2.4.3　分散剂对碳纤维分散机制分析

碳纤维表面含有极性羰基、羧基基团,它们可与水分子之间形成氢键,使碳纤维具有一定的亲水性和浸润性。而 MC、CMC 和 HEC 的分子链结构单元中都含有稳定的六元环和极性羟基基团,这些极性羟基基团会与碳纤维表面的极性基团形成氢键或范德华力作用,将短切碳纤维包裹起来,形成"囊包",分散剂包裹于碳纤维表面,在固—液界面上产生了正吸附,界面上的表面活性剂浓度增加。吉布斯(Gibbs)吸附公式如下:

$$\Gamma = -\frac{c}{RT}\frac{\mathrm{d}\sigma}{\mathrm{d}c} \tag{2-5}$$

式中　□——表面吸附量,mol/cm^2;

c——浓度,mol/L;

σ——表面能,10^{-3} N/m;

T——绝对温度;

R——大气常数;

$\frac{\mathrm{d}\sigma}{\mathrm{d}c}$——表面张力变化率,表征该物质表面活性的大小。

当分散剂质量分数太小时,黏度太低不足以使碳纤维被极性羟基基团包围形成"囊包";随着分散剂质量分数的增加,自由能逐渐降低,体系的热稳定性增加，最终使体系向分散稳定的方向发展，使短切碳纤维呈现良好的分散状态；随着分散剂质量分数的进一步增加，黏度过大而影响了分散体系的流动性，阻碍碳纤维的分散。所以，只有在分散剂质量分数适当时，合适的黏度会使分散体系中形成无数微小的“囊包”，碳纤维才能更均匀地分散在体系中。

短切碳纤维丝物理表观呈团簇状，其表面具有疏水性，与水的润湿性低，直接加入混凝土中容易结团而影响其均匀分散。国内外众多学者主要采用对碳纤维丝表面进行预处理或加入某种类别的分散剂等来提高其在混凝土中分布的均匀程度。其中，采用分散剂溶液分散碳纤维丝由于操作简单，不需要较为复杂的试验设备，且同样能获得分散良好的碳纤维，在实验室中得到了较为广泛的应用。在 CFRC 制作过程中，目前较为常见的碳纤维分散剂主要有三种：CMC、MC、HEC。此三种分散剂均含有极性羟基基团，其可与碳纤维丝表面的极性羟基基团或羰基基团及水分子之间形成氢键，能够有效改善碳纤维丝的疏水性。

2.5　碳纤维表面氧化处理对碳纤维分散性影响试验

2.5.1　碳纤维表面氧化处理方法

碳纤维表面处理的方法很多，相比之下，液相氧化法工艺简单易操作，而且氧化效果较好，所以本试验选用液相氧化法对碳纤维表面进行改性处理。硝酸、次氯酸钠、过氧化氢等酸性溶液都可以对碳纤维进行表面处理。硝酸是液相氧化中研究较多的一种氧化剂，用硝酸氧化碳纤维，可使其表面产生羧基、羟基等酸性基团，而且碳纤维的比表面积能得到显著提高。本试验中选用硝酸和次氯酸钠两种氧化溶液，分别对碳纤维表面进行氧化处理，并就两种溶液处理效果和对碳纤维水泥砂浆界面结构性能的影响进行对比分析。

碳纤维液相氧化处理工艺流程如图 2-9 所示。

碳纤维从浓硝酸溶液中取出后不可直接用乙醇清洗，因为二者会发生化学反应生成二氧化氮等有害气体，须先用水冲洗至二氧化氮气体挥发完才能用无水乙醇清洗。

2.5.2　碳纤维表面氧化处理试验原材料

(1) 碳纤维：选用 9 mm 长的短切 PAN 基碳纤维丝，具体参数指标

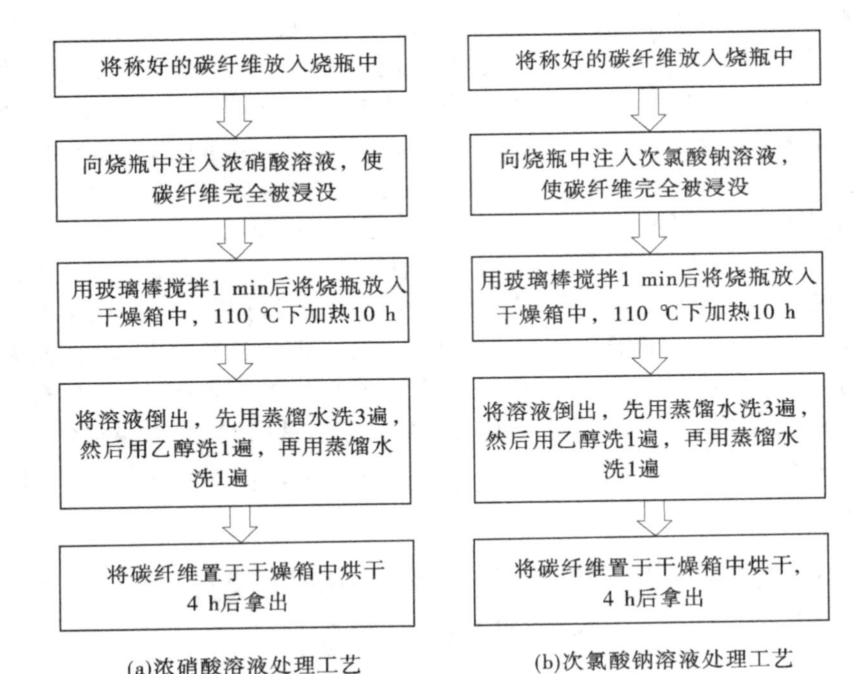

(a)浓硝酸溶液处理工艺　　(b)次氯酸钠溶液处理工艺

图 2-9　碳纤维液相氧化处理工艺流程

见表 2-1。

(2)试验溶液：本次试验所用的氧化溶液是浓硝酸(HNO_3)溶液和次氯酸钠溶液(NaClO)，无水乙醇用来清洗高温氧化后的碳纤维，其具体参数见表 2-8。

表 2-8　化学试剂具体参数

试剂名称	浓度(%)	密度(g/mL)	沸点(℃)
浓硝酸	65	1.4	83
次氯酸钠	10	1.1	102.2
无水乙醇	99.7	0.79	78.3

2.5.3　碳纤维表面氧化处理对碳纤维表面形貌的影响

采用 ZEISS 场发射扫描电子显微镜，对不同方式处理的碳纤维表面进行扫描电镜表面形貌观察。通过扫描电子显微镜(SEM)放大 5 000 倍观察到的未经氧化处理、经浓硝酸溶液处理和经次氯酸钠溶液氧化处理的碳纤维的表面形貌如图 2-10 所示。

(a)未经氧化处理碳纤维

(b)经浓硝酸溶液氧化处理碳纤维

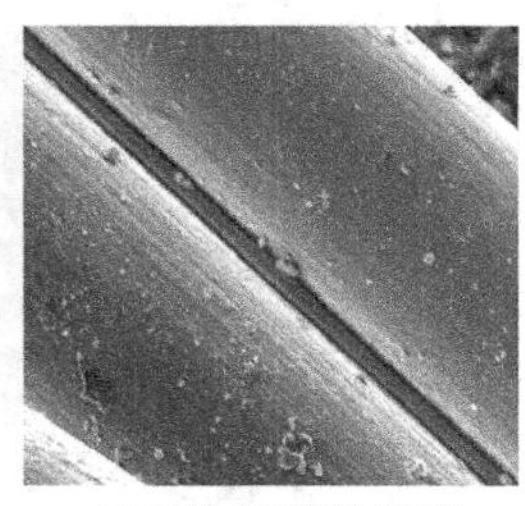

(c)经次氯酸钠溶液氧化处理碳纤维

图 2-10　表面处理前后碳纤维表面形貌

从图 2-10 中可以看出，未经氧化处理碳纤维的表面存在一些窄而浅的轴向沟槽，这是在 PAN 基碳纤维生产过程中由 PAN 带状微纤维遗留下来的，即 PAN 基碳纤维在出厂时自身带的沟槽[见图 2-10(a)]；经浓硝酸溶液氧化处理碳纤维的表面轴向沟槽明显增多且加深[见图 2-10(b)]；经次氯酸钠溶液氧化处理的碳纤维表面同样呈现出深而明显的轴向沟槽，而且表面粗糙状的颗粒增多[见图 2-10(c)]。图 2-10 表明对碳纤维进行表面氧化处理，可以通过强氧化性溶液在碳纤维表面产生氧化刻蚀作用而改变碳纤维的表面形貌，从而使碳纤维表面沟槽加深。所以，对碳纤维进行表面氧化处理有利于碳纤维与水泥基体界面更好地结合。

2.5.4　碳纤维表面氧化处理对碳纤维水泥基复合材料界面特性的影响

为了研究表面氧化处理对碳纤维水泥基复合材料界面特性的影响，采用扫描电子显微镜(SEM)对氧化处理前后碳纤维与水泥基复合材料界面的结合情况进行了观察，如图 2-11 所示。

图 2-11 是在 SEM 下观察到的分别由未经氧化处理、经浓硝酸溶液氧化处理和经次氯酸钠溶液氧化处理的碳纤维制备得到的碳纤维水泥基复合材料的断面形貌图。从图 2-11(a)中可以看出，未经氧化处理的碳纤维与水泥基体的界面结合状态较差，界面区的结构疏松，存在较多缺陷。从图 2-11(b)、图 2-11(c)中可以看出，碳纤维经过表面处理后，与水泥基体界面黏结强度较大。碳纤维经过表面氧化处理后表面出现了纵向沟槽纹理，水泥基体断裂、碳纤维拔出后，碳纤维表面黏有大量的基体块状物质或细碎小基体，说明经过表

(a)未经氧化处理的碳纤维

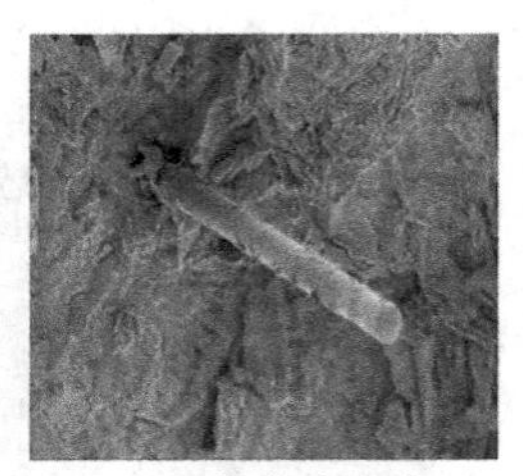
(b)经浓硝酸溶液氧化处理的碳纤维

(c)经次氯酸钠溶液氧化处理的碳纤维

图 2-11　碳纤维经不同溶液氧化处理前后 CFRM 的断面形貌

面氧化处理后的碳纤维与水泥基体的界面黏结效果更好,且经浓硝酸溶液氧化处理过的碳纤维与水泥基体界面黏结效果最好,纤维表面黏附的基体物质最多。经过表面氧化处理,可去掉碳纤维表面的弱界面层,引入各种极性官能团,从而提高碳纤维对水的浸润性和与基体界面黏结的性能,达到改善碳纤维分散性的效果。

2.5.5　碳纤维表面氧化处理对碳纤维水泥基复合材料抗折强度的影响

进行 40 mm×40 mm×160 mm 的棱柱体试件抗折强度试验,研究未经氧化处理、经浓硝酸溶液氧化处理和经次氯酸钠溶液氧化处理三种状态下的碳纤维对碳纤维水泥基复合材料力学性能的影响。抗折强度的测试选用 DKZ-5000 型电动抗折试验机。

试验配合比见表 2-9。

表 2-9　主要原材料单位用量　　(单位:kg/m^3)

水泥	水	砂	微硅粉	减水剂	分散剂(HEC)	碳纤维
542	298	542	81	5.4	3.3	4.3

注:表中碳纤维采用未经氧化处理、经浓硝酸溶液氧化处理和经次氯酸钠溶液氧化处理三种状态。

不同碳纤维处理方式下碳纤维水泥基复合材料抗折强度试验结果如图 2-12 所示。

从图 2-12 中可以得出,与未经氧化处理的碳纤维相比,经浓硝酸溶液氧化处理的碳纤维水泥基复合材料抗折强度值提高了 17.9%,经次氯酸钠溶液氧化处理的碳纤维水泥基复合材料抗折强度提高了 9.9%。对碳纤维表面进

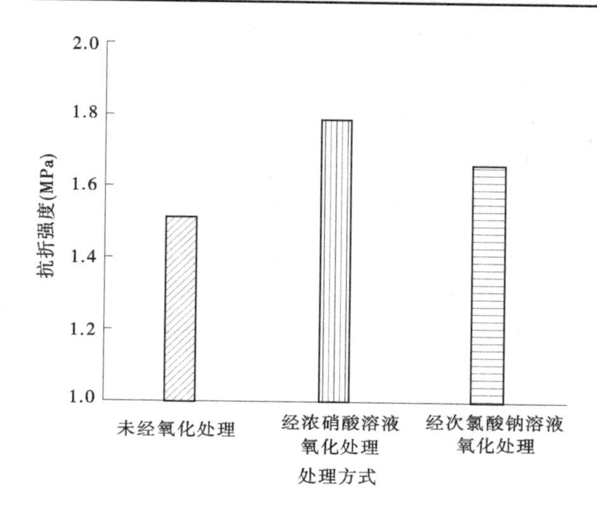

图 2-12　碳纤维处理方式与碳纤维水泥基复合材料抗折强度的关系

行氧化处理有助于提高碳纤维水泥基复合材料的抗折强度，而浓硝酸溶液较次氯酸钠溶液效果更好。

2.5.6　碳纤维表面氧化处理对碳纤维分散性影响机制

对碳纤维进行表面氧化处理，不仅可以提高其在水泥砂浆中的分散性，还可提高其与水泥基体的黏结性能和抗折强度。一方面，表面氧化处理会增加碳纤维表面羧基、羟基等极性基团的含量，提高碳纤维在溶液中的浸润性和亲水性，从而使碳纤维更好地分散在基体中；另一方面，由于氧化溶液对碳纤维表面的氧化刻蚀，使碳纤维表面的沟槽增多和加深，从而使碳纤维与水泥基体结合得更好，当受到外荷载碳纤维与基体脱离时，碳纤维表面会黏附块状基体不容易被拔出，起到了一定的阻裂作用。

2.6　碳纤维混凝土中碳纤维分散方法选择

试验结果表明，HEC 对碳纤维的分散效果最好，但 HEC 溶液较 CMC 溶液稠度略大，不利于碳纤维混凝土的流动性，故后面各章碳纤维混凝土试验中选择 CMC 作为碳纤维的分散剂。采用 CMC，其可在碳纤维表面形成一层薄薄的润滑膜，相当于在纤维之间加入一种润滑剂，增加纤维之间滑动性而不使其互相缠结。当碳纤维掺量占水泥质量的 0.8%、CMC 掺量为水泥质量的 0.6%

时,即掺加 CMC 占碳纤维质量的 70%时,碳纤维分散效果较好。

碳纤维表面氧化处理可以提高其在水泥砂浆中的分散性,但碳纤维表面氧化处理耗时长,在需要时可考虑选用。

加入分散剂后,在碳纤维混凝土拌和过程中易引入大量的气体并形成大量的气泡。过多的气泡将对碳纤维混凝土物理和功能特性产生危害,为此需要加入消泡剂进行除泡。试验采用的为常用的消泡剂磷酸三丁酯,其为无色、表面呈油脂状、有刺激性气味的液体。此外,粉煤灰作为碳纤维混凝土制作过程中的一种充填料,可均匀填充于碳纤维和水泥颗粒孔隙之间,增强碳纤维在混凝土中的分散性。

2.7　本章小结

本章采用新拌料浆法、硬化试件电阻率测试法对碳纤维在水泥基体中的分散性进行了试验研究。采用浓硝酸溶液和次氯酸钠溶液对碳纤维表面进行氧化处理,并通过扫描电子显微镜表面形貌分析、碳纤维水泥基复合材料的断面形貌图分析和碳纤维水泥基复合材料抗折强度试验等方法,对碳纤维表面氧化处理效果进行评价。本章主要结论如下:

(1)新拌料浆法和硬化试件电阻测试法均表明羟乙基纤维素(HEC)、羧甲基纤维素钠(CMC)对碳纤维在水泥基体中的分散性效果优于甲基纤维素(MC)。综合考虑影响因素,本研究选择羧甲基纤维素钠(CMC)作为碳纤维混凝土中碳纤维的分散剂,且当其掺量占碳纤维质量的 70%时,能使碳纤维获得较好的分散效果。

(2)液相氧化处理增加了碳纤维表面的含氧官能团,能使碳纤维浸润性得到改善。扫描电子显微镜表明表面氧化处理会改变碳纤维外貌,使表面沟槽增多,经过浓硝酸溶液处理的碳纤维与水泥基体结合状况最佳,不仅可以提高其在水泥砂浆中的分散性,还可提高其与水泥基体的黏结性能和抗折强度,有利于提高碳纤维水泥基复合材料的综合性能。

(3)分散剂在有效改善碳纤维在水泥基体中的分散性的同时,在碳纤维混凝土拌和过程中易引入气体并形成大量的气泡,会对碳纤维混凝土物理和功能特性产生危害,为此需要在加入分散剂的同时加入消泡剂进行除泡,推荐采用磷酸三丁酯作为消泡剂。

第 3 章　碳纤维混凝土基本力学性能

普通混凝土中加入短切碳纤维后，其力学性能将发生变化。抗压强度、劈拉强度等作为衡量混凝土材料性能的基本力学指标，对碳纤维混凝土作为本征智能材料在工程中的应用具有重要作用。本章将研究不同混凝土基体配合比下碳纤维对混凝土抗压强度、劈拉强度、抗折强度等的影响，微细导电材料的掺入对碳纤维混凝土的基本力学性能的影响等。

3.1　碳纤维混凝土基本力学性能试验

3.1.1　试验原材料

(1) 碳纤维：长度为 6 mm 的 PAN 基碳纤维。

(2) 水泥：42.5 级普通硅酸盐水泥。

(3) 水：洁净自来水。

(4) 细骨料：天然河砂，细度模数为 2.6。

(5) 消泡剂：磷酸三丁酯。

(6) 减水剂：FDN 高效减水剂。

(7) 粗骨料：碎石，最大粒径不超过 16 mm。

(8) 分散剂：羧甲基纤维素钠(CMC)(见图 3-1)。

图 3-1　羧甲基纤维素钠(CMC)

(9) 主要设备：万能材料试验机、搅拌机、振动台等。

本次试验采用羧甲基纤维素钠(CMC)，其可在碳纤维表面形成一层薄薄的润滑膜，相当于在纤维之间加入一种润滑剂，增加纤维之间的滑动性而不使其互相缠结。加入分散剂后液体的表面能会显著降低，在拌和及搅拌的过程中易引入大量的气体并形成大量的气泡。过多的气泡将对碳纤维混凝土物理和功能特性产生危害，为此需要加入消泡剂进行除泡。试验采用的为常用的消泡剂磷酸三丁酯,其为无色、表面呈油脂状、有刺激性气味的液体。此外,粉煤灰作为碳纤维混凝土制作过程中的一种充填料,可均匀填充于碳纤维和水泥颗粒孔隙之间,增强碳纤维在混凝土中的分散性。

3.1.2　配合比及试件制备

为了对碳纤维混凝土力学性能进行研究,本节针对不同的配合比、不同的碳纤维掺量共进行了 37 组试验,具体试验配合比见表 3-1。

表 3-1　试验配合比

编号	配合比	主要材料用量(kg/m³)				碳纤维掺量(%)
		水泥	水	砂	石	
Ⅰ-1	1:0.5:1.77:3.23	369.8	181.2	654.54	1 194.45	0
Ⅰ-2						0.3
Ⅰ-3						0.5
Ⅰ-4						0.7
Ⅰ-5						0.9
Ⅰ-6						1.1
Ⅰ-7						1.3
Ⅰ-8	1:0.5:1.08:1.62	550	275	595	892	0
Ⅰ-9						0.8
Ⅰ-10						1
Ⅰ-11						1.2
Ⅰ-12						1.6
Ⅰ-13						2
Ⅰ-14	1:0.5:1.47:3.2	450	225	662	992	0
Ⅰ-15						0.8
Ⅰ-16						1
Ⅰ-17						1.2
Ⅰ-18						1.6
Ⅰ-19						2

续表 3-1

编号	配合比	主要材料用量(kg/m³)				碳纤维掺量(%)
		水泥	水	砂	石	
Ⅰ-20 Ⅰ-21 Ⅰ-22 Ⅰ-23 Ⅰ-24 Ⅰ-25	1∶0.5∶2.08∶3.12	350	175	728	1 092	0 0.8 1 1.2 1.6 2
Ⅱ-1 Ⅱ-2 Ⅱ-3 Ⅱ-4 Ⅱ-5 Ⅱ-6 Ⅱ-7	1∶0.5∶1.77∶3.23	369.8	181.2	654.54	1 194.45	0 0.3 0.5 0.7 0.9 1.1 1.3
Ⅲ-1 Ⅲ-2 Ⅲ-3 Ⅲ-4 Ⅲ-5	1∶0.55∶1∶0	542	298	542	0	0.1 0.2 0.3 0.4 0.5

注:1. Ⅰ系列用于碳纤维混凝土抗压强度试验,Ⅱ系列用于碳纤维混凝土劈拉强度试验。

2. Ⅰ、Ⅱ系列中减水剂掺量为水泥质量的 0.8%,分散剂掺量为碳纤维质量的 70%,消泡剂掺量为水泥质量的 0.03%。

3. Ⅲ系列中减水剂掺量为水泥质量的 1%,消泡剂掺量为水泥质量的 0.03%,微硅粉掺量为水泥质量的 15%,分散剂为 HEC 且掺量为碳纤维质量的 70%。

碳纤维混凝土的制备方法如下:

(1)按设计配合比取骨料、水泥、水等。

(2)量取占总水量 30%的水(水温控制在 30 ℃左右),将称量好的分散剂加入水中,不断搅拌使其溶解,然后将磷酸三丁酯添加到溶液中,搅拌均匀,再加入碳纤维,搅拌使其均匀分散。

(3)将水泥、砂、石和剩余的水倒入搅拌机中,搅拌 1 min,然后将分散好的溶液加入搅拌机中,搅拌 3 min。

(4)将搅拌好的混凝土装入试模中,振动成型。

(5)将成型后的试件养护 2 d,脱模,再放入养护室养护 28 d 后取出试件。

3.1.3　碳纤维混凝土基本力学性能试验内容及方法

本章主要试验内容见表 3-2。

表 3-2　碳纤维混凝土力学性能试验内容及试件特征值

序号	试验内容	试件尺寸(mm×mm×mm)	试验变量	试件总个数
1	抗压强度	100×100×100、150×150×150	碳纤维为水泥质量的 0~2%	75 个(25 组×3 个)
2	劈拉强度	150×150×150	碳纤维为水泥质量的 0~1.3%	21 个(7 组×3 个)
3	抗折强度	40×40×160	碳纤维体积掺量为 0.1%~0.5%	15 个(5 组×3 个)

碳纤维混凝土各力学性能指标的试验方法按《普通混凝土力学性能试验方法标准》(GB/T 50081—2002)和《混凝土物理力学性能试验方法标准》(GB/T 50081—2019)相应推荐方法施行。根据分析需要,可将碳纤维的质量比转化为体积比。

3.1.4　碳纤维混凝土基本力学性能试验结果及分析

3.1.4.1　碳纤维掺量对碳纤维混凝土抗压强度的影响

将不同批次、不同基准强度的 25 组共计 75 个试件抗压强度试验结果转化成相对值(不掺加碳纤维的混凝土抗压强度相对值取 1),以消除试件基准强度的影响。试验结果如图 3-2 所示。

从图 3-2 可知,碳纤维掺量在 0~0.5%时,碳纤维混凝土的抗压强度随碳纤维掺量的增加有所提高,在碳纤维掺量从 0 增加到 0.5%时抗压强度增加了 15%左右;碳纤维掺量在 0.5%~2.0%时,碳纤维混凝土的抗压强度随碳纤维掺量的增加而逐渐降低,在碳纤维掺量从 0.5%增加到 2.0%时抗压强度降低了 20%左右。

3.1.4.2　碳纤维掺量对碳纤维混凝土劈拉强度的影响

将不同批次、不同基准强度的 7 组共计 21 个试件劈拉强度试验结果转化

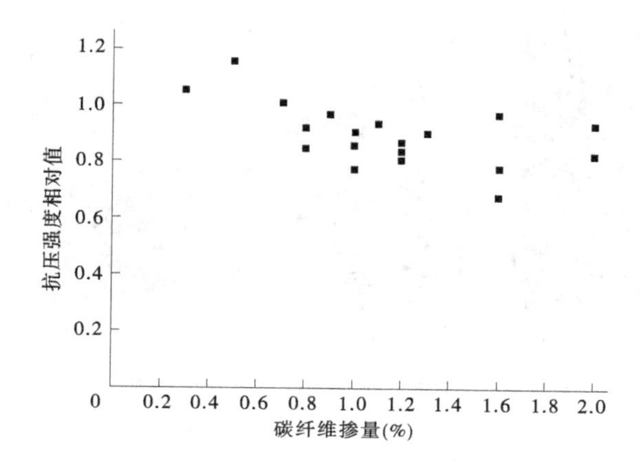

图 3-2　混凝土抗压强度与碳纤维掺量的关系

成相对值(不掺加碳纤维的混凝土劈拉强度相对值取 1),结果如图 3-3 所示。

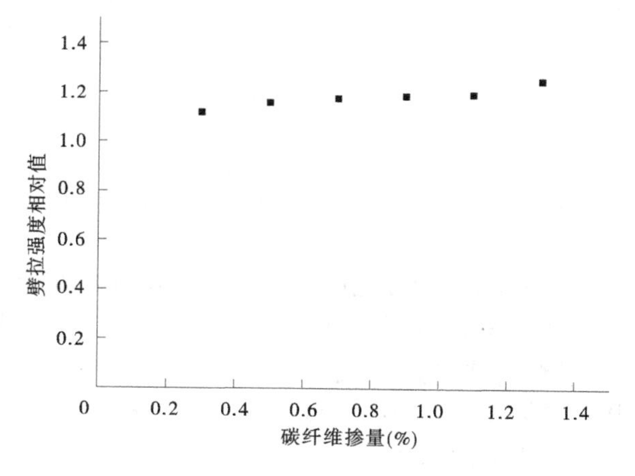

图 3-3　混凝土劈拉强度与碳纤维掺量的关系

从图 3-3 可知,碳纤维混凝土的劈拉强度随着碳纤维掺量的增加而提高。这是由于碳纤维有极高的抗拉强度,将其加入混凝土中,具有增韧的作用,因此劈拉强度会随着碳纤维掺量的增加而提高。

3.1.4.3　碳纤维掺量对碳纤维混凝土(砂浆)抗折强度的影响

进行了 5 种碳纤维体积率的碳纤维混凝土(砂浆)试件抗折试验,试件破坏断面如图 3-4 所示。

由图 3-4 可以看出,碳纤维在混凝土(砂浆)中分散均匀,与水泥基体的黏结性良好。碳纤维混凝土(砂浆)抗折强度试验结果如图 3-5 所示。

(a)*CF*%=0.2%　　(b)*CF*%=0.4%　　(c)*CF*%=0.5%

图 3-4　不同碳纤维体积率下试件断面照片

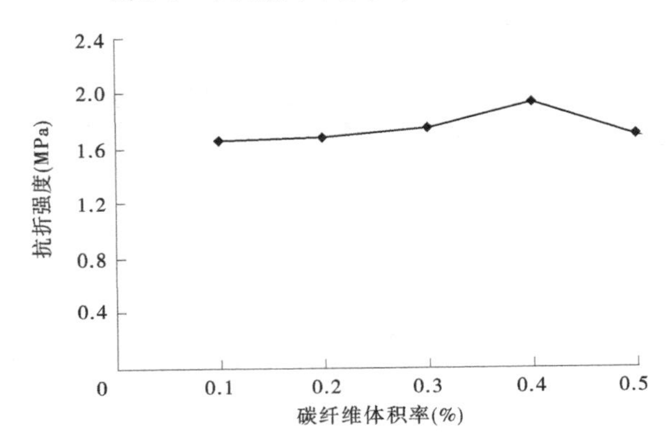

图 3-5　混凝土(砂浆)抗折强度与碳纤维体积掺量的关系

从图 3-5 可以得出,掺入碳纤维可以提高混凝土(砂浆)的抗折强度。随着碳纤维体积率的增大,试件抗折强度提高幅度呈现先增大后减小的趋势,这说明碳纤维的掺量对 CFRM 的抗折强度存在一个最佳掺量。本试验条件下,最佳碳纤维体积率为水泥质量的 0.4%。

3.1.4.4　砂灰比对碳纤维混凝土抗压强度的影响

砂灰比、粗骨料掺量对碳纤维混凝土导电能力有重大影响。选择合适的砂灰比 *S/C*,粗骨料含量既要考虑能够满足制作低电阻混凝土的需要,又要兼顾混凝土的基本力学性能及经济合理性。

有研究表明,碳纤维水泥砂浆的导电性能随着砂子含量的增加而降低,但变化幅度随着碳纤维掺量的增加而逐渐降低。从节约碳纤维使用量角度看,砂灰比选 0.75 较为合适,但在工程实际中,水泥含量过大会导致混凝土干湿收缩,不利于混凝土作为结构材料的工程应用。为此,进行了一组砂率采用 0.4,砂灰比分别为 1.08、1.47、2.08 的碳纤维混凝土抗压强度试验,以探讨砂灰比、粗骨料掺量对碳纤维混凝土抗压强度的影响,进而探讨其对碳纤维混凝土导电性能的影响。

碳纤维混凝土抗压强度试验结果如图 3-6 所示。

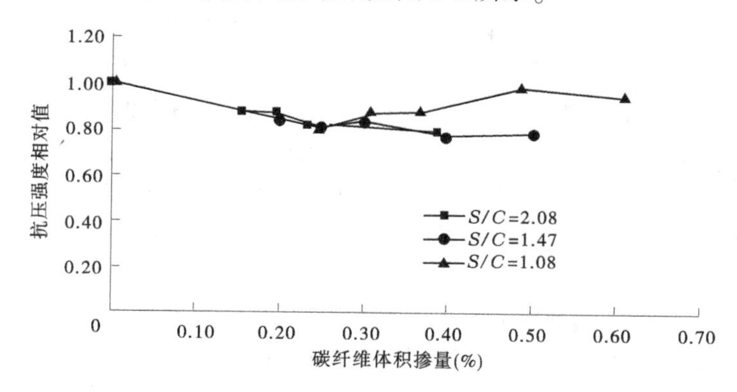

图 3-6 砂灰比对碳纤维混凝土抗压强度的影响

由图 3-6 可知,不同砂灰比情况下,碳纤维混凝土抗压强度均随碳纤维体积掺量增加而有不同程度的降低。砂灰比为 2.08 和 1.47 时,碳纤维混凝土抗压强度均随碳纤维体积掺量增加而降低的趋势和幅度基本一致,最大降低达 20%。砂灰比为 1.08 时,碳纤维体积掺量从 0 增加到 0.24%,碳纤维混凝土抗压强度下降趋势和幅度与砂灰比为 2.08 和 1.47 时碳纤维混凝土抗压强度下降趋势和幅度基本一致;碳纤维体积掺量从 0.24%增加到 0.61%时,碳纤维混凝土抗压强度逐渐增大,其强度降低为 2%~7%。

从碳纤维混凝土抗压强度指标看,建议砂灰比取 1,即水泥和砂的用量大致相等,可使碳纤维对混凝土抗压强度降低的幅度减小。

3.1.4.5 碳纤维对混凝土基本力学性能影响机制分析

假定碳纤维混凝土为碳纤维和基体混凝土组成的两相复合材料,则影响其基本力学性能的主要因素有基体混凝土自身强度、碳纤维掺量、碳纤维长度、碳纤维丝抗拉强度、碳纤维丝与基体之间的界面黏结力、混凝土自身缺陷等。具体碳纤维对混凝土基本力学性能影响机制分析如下:

(1)碳纤维具有较高的抗拉强度,根据复合材料理论,对乱向等长的纤维增强水泥基复合材料,其强度计算公式如下:

$$\sigma_c = \eta_1 \eta_2 \sigma_f \varphi_f + \sigma_m \varphi_m \tag{3-1}$$

式中 σ_f——纤维强度;

σ_m——混凝土基体强度;

φ_f——纤维体积分数;

φ_m——混凝土基体体积分数；

η_1——纤维取向有效因子，取 1/6；

η_2——纤维长度有效因子。

由式(3-1)可知，碳纤维混凝土中碳纤维长度越长，其长度有效因子就越大，通过碳纤维与基体的界面传递给纤维的应力也越大，破坏时碳纤维所受的平均应力就越大，碳纤维对混凝土的增强效果越好，即强度越高。但由于碳纤维丝表面较为光滑，黏结摩阻较小，其限制裂缝发展的能力有限；体积掺量相对于基体混凝土较小，碳纤维丝在混凝土搅拌过程中的分散具有随机性，并不是处于理想的分散状态。因此，碳纤维混凝土的破坏强度主要取决于混凝土基体自身强度。

(2)碳纤维作为一种导电相加入混凝土，在试件搅拌制作过程中，其会在与胶凝材料的黏结面上形成类似于粗细骨料的过渡区，在此区域中结构较为松散，是碳纤维混凝土内的薄弱部位。在试块的受力过程中，这些区域首先产生微型裂缝，然后逐渐扩展延伸，最终演变为较为明显的宏观裂缝而发生破坏。

(3)碳纤维的掺入会增加混凝土的延性。当碳纤维周围的基体在外力作用下出现细微的裂缝时，碳纤维会牵引两边的基体，防止裂缝继续扩展，该牵引力的大小与碳纤维的掺量有关。当碳纤维掺量较小时，每一个断面包含的碳纤维根数很少即牵引力很小；随着碳纤维掺量的增大且均匀分布在基体中，基体内出现裂纹时，碳纤维与基体间的牵引力可以帮助基体承担一部分外力，直至外力继续增大将碳纤维拉断；但是当碳纤维掺量过高时，碳纤维缠绕扭曲从而影响碳纤维的均匀分散。另外，碳纤维的加入会导致与水泥基体黏结面形成内部薄弱层，束状的碳纤维周围最为薄弱，当受到拉力时，碳纤维容易被拔出，从而导致抗折强度降低。

(4)在制作碳纤维混凝土的过程中，为使碳纤维能够均匀地分散，需要加入羧甲基纤维素钠等分散剂。加入分散剂后液体的表面能会显著降低，在混凝土拌和及搅拌的过程中易引入一些气泡，造成碳纤维混凝土内部存在一些缺陷，致使碳纤维混凝土强度降低。

3.2　微细导电材料对碳纤维混凝土基本力学性能的影响

纳米碳纤维、纳米碳黑、钢渣微粉作为微细材料，能改善混凝土的力学性能，本节研究纳米碳纤维、纳米碳黑、钢渣微粉在不同掺量情况下对碳纤维混凝土抗压强度的影响。

3.2.1　试验原材料

(1)水泥:普通硅酸盐水泥,42.5 级。

(2)细骨料:天然河沙,细度模数为 2.4。

(3)石子:最大粒径为 10 mm 的碎石。

(4)碳纤维:采用日本东丽公司生产的长度为 6 mm 的短切 PAN 基碳纤维丝(型号 T700SC-12000-50C),见图 2-3。基本性能参数详见表 2-1。

(5)纳米碳纤维:采用北京德科岛金科技有限公司生产的纳米碳纤维,比表面积在 20 m^2/g 以上,见图 3-7(a)。基本性能参数详见表 3-3。

(6)钢渣微粉:采用日照京华新型建材有限公司生产的钢渣微粉,比表面积在 400 m^2/kg 以上,见图 3-7(b)。其化学成分组成详见表 3-4。

(7)纳米碳黑:采用北京德科岛金科技有限公司生产的纳米碳黑,比表面积为 500 m^2/g,见图 3-7(c)。基本性能参数详见表 3-5。

(a)纳米碳纤维

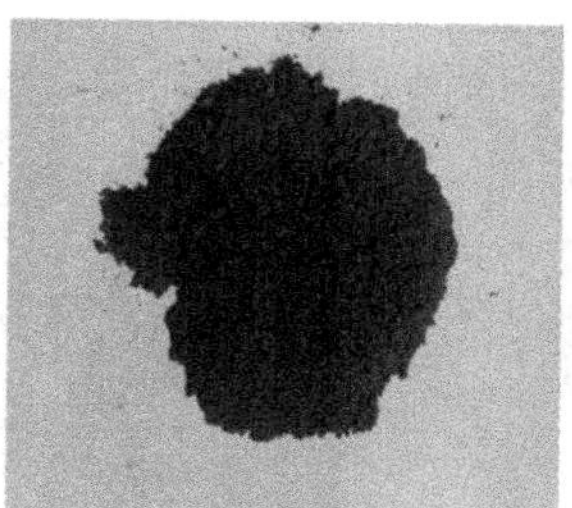
(b)钢渣微粉

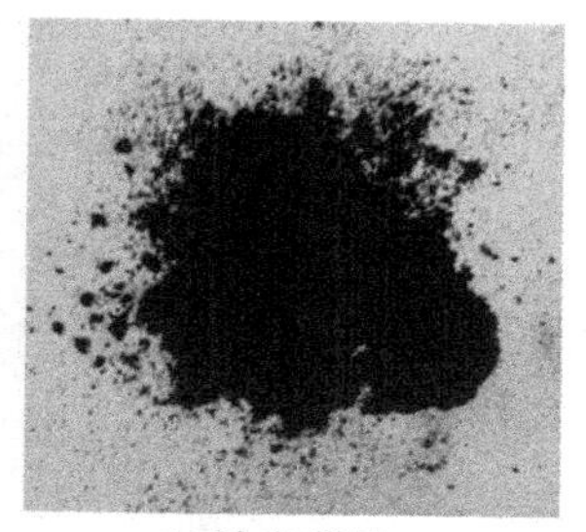
(c)纳米碳黑

图 3-7　微细导电材料

表 3-3　纳米碳纤维基本性能参数

项目	内容
含量(%)	99.9
管径(nm)	150~200
长度(μm)	10~30
比表面积(m^2/g)	>20
颗粒形态	纤维状
外观	黑色
松装密度(g/cm^3)	0.043
电导率 EC(S/cm)	150

表 3-4　钢渣微粉化学成分组成

项目	内容
氧化镁(%)	6~7
氧化钙(%)	39~42
二氧化硅(%)	10 左右
三氧化硫(%)	0.2
不溶物(%)	4 以内
氧化铁(%)	26~28
氧化铝(%)	1 左右
金属铁(%)	1~3
氧化锰(%)	5~6.5

表 3-5　纳米碳黑基本性能参数

项目	内容
含量(%)	99.9
平均粒径(nm)	40
比表面积(m^2/g)	500
颗粒形态	球形
外观	黑色粉末
松装密度(g/cm^3)	0.09
真实密度(g/cm^3)	0.43

(8)分散剂：采用羟甲基纤维素钠作为碳纤维的分散剂，采用上海凯星日化有限公司生产的十二烷基硫酸钠作为纳米碳纤维的分散剂。

(9)消泡剂：采用天津富宇精细化工有限公司生产的磷酸三丁酯。

(10)减水剂：采用 FDN 高效减水剂。

3.2.2　配合比及试件制备

结合前期试验结果，经过现场试配和调整，确定碳纤维混凝土基准配合比为水泥∶水∶砂∶石 = 1∶0.5∶1.62∶2.45，混凝土设计强度等级为 C35，其基准配合比见表 3-6。

表 3-6　混凝土基准配合比

编号	水泥(kg/m³)	水(kg/m³)	砂(kg/m³)	石(kg/m³)
P	430.88	215.44	698.03	1 055.65

在混凝土基准配合比基础上,分别取碳纤维(CF)掺量占水泥质量的 0.2%、0.3%、0.4%,钢渣微粉占水泥质量的 0.2%、0.4%、0.6%、0.8%、1%、5%、10%、20%,纳米碳纤维占水泥质量的 0.2%、0.4%、0.6%,纳米碳黑占水泥质量的 0.2%、0.4%、0.6%、0.8%配置混凝土,十二烷基硫酸钠与纳米碳纤维质量比为 1:1,减水剂取水泥质量的 0.5%,羟甲基纤维素取水泥质量的 0.3%,磷酸三丁酯取水泥质量的 0.03%,标准养护 28 d 后进行抗压强度试验,万能试验机加载速率为 3 kN/s。具体试件参数见表 3-7。

表 3-7　掺加微细导电材料的碳纤维混凝土试件参数

编号	碳纤维(kg/m³)	纳米碳纤维(kg/m³)	纳米碳黑(kg/m³)	钢渣微粉(kg/m³)	编号	碳纤维(kg/m³)	纳米碳纤维(kg/m³)	纳米碳黑(kg/m³)	钢渣微粉(kg/m³)
A1	1.72				A10	1.72			1.72
A2	1.72	0.86			A11	1.72			2.58
A3	1.72	1.72			A12	1.72			3.44
A4	1.72	2.58			A13	1.72			4.31
A5	1.72		0.86		A14	1.72			21.54
A6	1.72		1.72		A15	1.72			43.08
A7	1.72		2.58		A16	1.72			86.17
A8	1.72		3.44		B1	1.29			
A9	1.72			0.86	C1	0.86			

本次试验采用尺寸为 100 mm×100 mm×100 mm 的试块,由于本节试验中采用的导电相材料比较多,有纳米碳黑、纳米碳纤维、碳纤维、钢渣微粉,能否使导电相均匀地分散到混凝土基体中是决定其力学性能的关键。

掺加碳纤维、碳纤维和钢渣微粉复掺、碳纤维和纳米碳黑复掺的混凝土试件制备工序如下：

(1)按设计配合比量取粗骨料、细骨料、水、水泥以及减水剂等。

(2)量取占总水量的 30%~35%的自来水(这部分水温控制在 30 ℃左右),将称量好的羟甲基纤维素钠加入水中,并不断搅拌使纤维素充分溶解,然后将磷酸三丁酯添加到混合溶液中,搅拌使其呈现一种较均匀的状态,再加入碳纤维,再次搅拌使碳纤维在溶液中呈现均匀分散状态。

(3)将称量好的纳米碳黑或钢渣微粉加入到水泥中,干拌 1 min。

(4)将砂、石、减水剂、剩余的水等倒入搅拌机中,搅拌 1 min,然后将均匀分散好的碳纤维溶液缓缓加入搅拌机中,搅拌 3 min。

(5)将搅拌好的混凝土装入事先准备好的试模中,在振动台上振动成型。

(6)将成型后的试块养护 2 d 后拆模,再将试块放入养护室养护 28 d,取出进行试验。

纳米碳纤维和碳纤维复掺的混凝土试件制备工序如下：

(1)按设计配比量取粗骨料、细骨料、水、水泥以及减水剂等。

(2)量取占总水量的 30%~35%的自来水(这部分水温控制在 30 ℃左右),将称量好的羟甲基纤维素钠加入水中,并不断搅拌使纤维素充分溶解,然后将磷酸三丁酯添加到混合溶液中,搅拌使其呈现一种较均匀的状态,再加入碳纤维,再次搅拌使碳纤维在溶液中呈现均匀分散状态。

(3)再次量取所需总水量的 3%~5%,将称量好的十二烷基硫酸钠溶解于水中,不断搅拌使其混合,然后将纳米碳纤维放入混合溶液中,再次搅拌使纳米碳纤维在溶液中均匀分散。

(4)将水泥、砂子、石子、减水剂、剩余的水等倒入搅拌机中,预搅拌 1 min,然后将均匀分散好的碳纤维溶液缓缓倒入搅拌机中,搅拌 2 min 后,再将分散好的纳米碳纤维溶液缓慢地加入搅拌机中,搅拌 2 min。

(5)将搅拌好的混凝土装入准备好的试模中,在振动台上振动成型。

(6)将成型后的试块养护 2 d 后拆模,再将试块放入养护室养护 28 d,取出进行试验。

3.2.3　试验结果

掺加纳米碳纤维、钢渣微粉、纳米碳黑的碳纤维混凝土抗压强度试验结果见图 3-8~图 3-11。

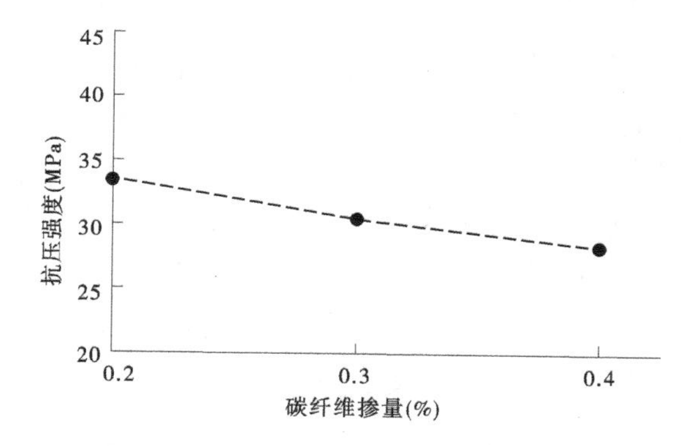

图 3-8　碳纤维掺量与混凝土抗压强度的关系

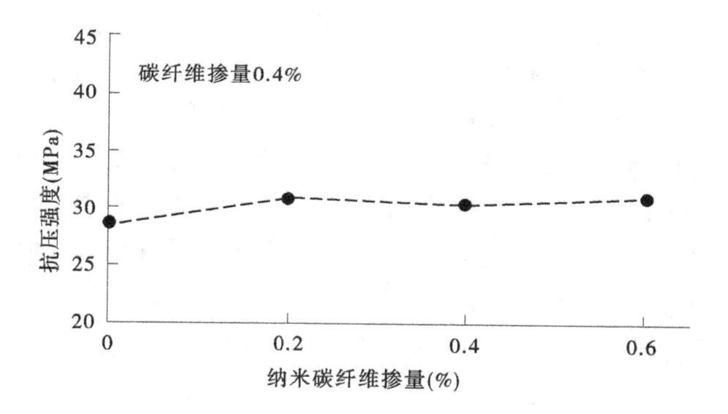

图 3-9　纳米碳纤维掺量与混凝土抗压强度的关系

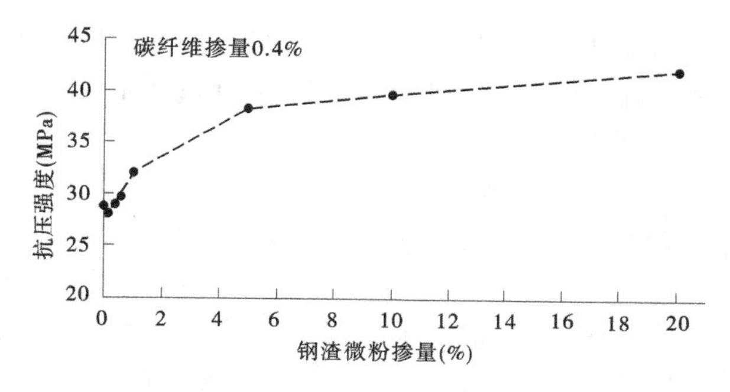

图 3-10　钢渣微粉掺量与混凝土抗压强度的关系

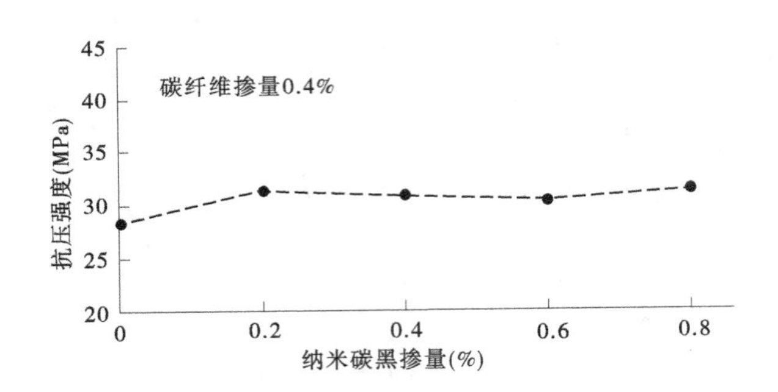

图 3-11　纳米碳黑掺量与混凝土抗压强度的关系

由图 3-8 可知，随着碳纤维掺量的增加，碳纤维混凝土抗压强度是降低的，当碳纤维掺量从 0.2%增加到 0.4%时，抗压强度降低 15%；由图 3-9 可知，掺加纳米碳纤维时，掺加量为 0.2%，其抗压强度变化就比较明显，增加了 10%，随后抗压强度随着掺量的增加基本不发生变化；由图 3-10 可知，当钢渣微粉掺量在 1%时，其抗压强度提高了 12.6%，当钢渣微粉掺量在 20%时，其抗压强度提高了 45%；由图 3-11 可知，纳米碳黑掺量在 0～0.8%时，掺量为 0.2%，其抗压强度变化就比较明显，增加了 10%，随后抗压强度随着掺量的增加基本不发生变化。由此可知，掺加微细导电材料可提高碳纤维混凝土抗压强度。

3.2.4　微细导电材料对碳纤维混凝土基本力学性能影响机制分析

纳米碳纤维、钢渣微粉、纳米碳黑作为微细添加材料，掺加到混凝土中，可以提高混凝土内部结构的密实性，但是由于这三种微细材料的粒径分布不一样，在混凝土中起到的效果也不相同。

纳米碳纤维比表面积在 20 000 m^2/kg 左右，纳米碳黑比表面积在 400 000 m^2/kg 左右，钢渣微粉比表面积在 500 m^2/kg 左右，纳米材料的掺加可以使碳纤维混凝土形成更密实的一种结构形式，在纳米碳纤维、纳米碳黑掺量为 0.2%～0.6%时，混凝土抗压强度最大可提高 10%。钢渣微粉比表面积较低，与水泥比表面积差不多，所以在较低掺量情况下，对碳纤维混凝土的抗压强度影响不大，但随着掺量的增加，相当于增加了一部分水泥，所以掺加钢渣微粉的碳纤维混凝土抗压强度也相应地提高了。

3.3　本章小结

本章通过试验研究了碳纤维掺量对混凝土抗压强度、劈拉强度和抗折强度的影响,主要结论如下:

(1)碳纤维体积率对混凝土抗压强度有一定影响,碳纤维掺量低于 0.5%时,随着碳纤维掺量的增加,抗压强度逐渐提高;当碳纤维掺量大于 0.5%时,随着碳纤维掺量的增加,抗压强度逐渐降低。

(2)碳纤维混凝土劈拉强度随着碳纤维掺量的增加而增大。试验范围内最大可提高 20%。

(3)掺入碳纤维可以提高混凝土(砂浆)的抗折强度。随着碳纤维体积率的增大,抗折强度值呈现先增大后减小的趋势,即碳纤维对碳纤维混凝土(砂浆)抗折强度存在最佳掺量,本试验配合比及试验环境下,最佳体积率为 0.4%。

(4)在混凝土中加入较高掺量(水泥质量的 0.8%~2.0%)碳纤维的情况下,其抗压强度与原混凝土基体相比均呈现出不同程度的降低,同时其强度降低程度随砂灰比的增大而增大。从碳纤维混凝土抗压强度指标看,建议砂灰比取 1 左右,即水泥和砂的用量大致相等,可使碳纤维对混凝土抗压强度降低的幅度减小,同时,建议碳纤维体积掺量不大于 0.6%。

(5)掺入微细导电材料,可使碳纤维混凝土内部更加密实,提高其抗压强度,改善碳纤维对混凝土抗压强度的不利影响,提高碳纤维混凝土作为本征智能材料的可靠性。

第 4 章　碳纤维混凝土电阻率量测方法

碳纤维混凝土（CFRC）的各种电学性能需要通过其电阻率的变化来反映，如压敏性是用荷载和电阻率的关系来描述的，通过量测电阻率随压力的变化，可以得出压敏性曲线，从而建立电阻率和力学参数之间的关系，为定量监测结构构件的工作状况提供依据；通过量测不同时间的电阻率，可以监测水泥的水化过程以及砂浆和混凝土的强度随时间的发展情况。

电阻率作为表征碳纤维混凝土导电特性的一个重要物理指标，选取合适的量测电压以便准确量测碳纤维混凝土的电阻率，是研究碳纤维混凝土功能特性的一个重要前提条件。

碳纤维混凝土电阻率受多种因素影响，为了获得较准确地反映混凝土本身特性的电阻率，本章将系统研究电极材料、电极面积、量测电压、采集方法、湿度、龄期以及极化效应对碳纤维混凝土电阻率量测的影响，以期获得较为准确的电阻率量测方法。

4.1　碳纤维混凝土电阻率量测方法影响因素试验设计

4.1.1　试验原材料

（1）碳纤维：采用长度为 6 mm 和 9 mm 的 PAN 基碳纤维。
（2）水泥：采用 42.5 级普通硅酸盐水泥。
（3）水：洁净自来水。
（4）细骨料：采用天然河砂，细度模数为 2.6。
（5）粗骨料：采用碎石，最大粒径不超过 16 mm。
（6）减水剂：采用 FDN 高效减水剂。
（7）分散剂：采用羧甲基纤维素钠。
（8）消泡剂：采用磷酸三丁酯。
（9）电极：采用不锈钢网和铜片，电极尺寸为 80 mm×100 mm。
（10）主要设备：直流稳压电源、数字万用表、搅拌机、振动台。

4.1.2　配合比及试件的制备

本章针对电极材料、采集方法等因素对碳纤维混凝土电阻率的影响进行研究,采用的混凝土配合比见表4-1~表4-3。

表4-1　混凝土基准配合比(系列Ⅰ)

编号	主要材料用量(kg/m³)			
	水泥	水	砂	石
Ⅰ	369.8	181.2	654.54	1 194.45

注:混凝土配合比中,水泥:水:砂:石=1:0.5:1.77:3.23,碳纤维掺量为水泥质量的0.5%,减水剂掺量为水泥质量的0.8%,分散剂掺量为水泥质量的0.35%,消泡剂掺量为水泥质量的0.03%。

表4-2　混凝土基准配合比(系列Ⅱ)

编号	主要材料用量(kg/m³)			
	水泥	水	砂	石
Ⅱ	350	175	728	1 092

注:混凝土配合比中,水泥:水:砂:石=1:0.5:2.08:3.12,粉煤灰掺量为水泥质量的15%,碳纤维掺量为水泥质量的0.8%,减水剂掺量为水泥质量的0.8%,分散剂掺量为水泥质量的0.35%,消泡剂掺量为水泥质量的0.03%。

表4-3　混凝土基准配合比(系列Ⅲ)

编号	主要材料用量(kg/m³)			
	水泥	水	砂	石
Ⅲ	550	275	595	892

注:混凝土配合比中,水泥:水:砂:石=1:0.5:1.08:1.62,粉煤灰掺量为水泥质量的15%,碳纤维掺量为水泥质量的1%,减水剂掺量为水泥质量的0.8%,分散剂掺量为水泥质量的0.35%,消泡剂掺量为水泥质量的0.03%。

碳纤维混凝土的制备方法如下:

(1)按设计配合比量取水泥、水、砂、碎石等。

(2)量取占总水量30%的水(水温控制在30℃左右),将称量好的羧甲基纤维素钠分散剂加入水中,不断搅拌使其溶解,然后将磷酸三丁酯消泡剂添加到溶液中,搅拌均匀,再加入碳纤维,搅拌使其均匀分散。

(3)将水泥、砂、石和剩余的水倒入搅拌机中,搅拌1 min,然后将分散好的溶液加入搅拌机中,搅拌3 min。

(4)将搅拌好的混凝土装入试模中,将电极放到试模标记的位置,振动成型。

(5)将成型后的试件养护2 d后脱模,放入标准养护室养护28 d后取出。

4.1.3　电阻率采集方法

碳纤维混凝土各种功能特性的展现主要是通过观察其电阻变化而得到的,这就需要量测材料的电阻。

用直流电量测碳纤维混凝土电阻时会产生极化效应,用交流电可以减小极化效应,但交流电量测较为烦琐,且不同的频率对电阻也会产生不同的影响,不利于工程实际应用。通过增加碳纤维掺量、采用四电极代替二电极、采用低电压、增加养护龄期、采用网状电极等方法可以降低极化效应,因此直流电更有利于工程的实际应用。

本章在研究碳纤维混凝土电阻率量测方法影响因素时,采用直流稳压电源供电,万用表量测电压值和电流值,按式(4-1)求得电阻率,不同的电阻率采集方法见图4-1。

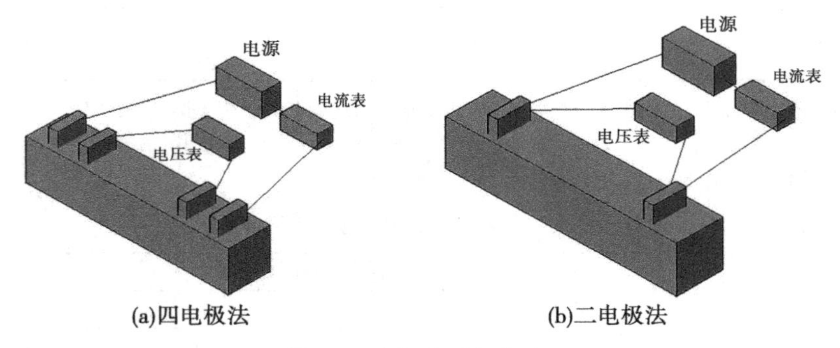

(a)四电极法　　(b)二电极法

图4-1　电阻率采集方法

目前,常用的碳纤维混凝土电阻量测方法主要包括二电极法和四电极法。从理论分析和国内外众多学者研究表明,用四电极法测试要优于二电极法,四电极法测量得到的电阻率更接近试件真实电阻率。本试验中,除电阻率采集方法对电阻率的影响因素试验外,均采用四电极法采集试件电阻率。

碳纤维混凝土电阻率 ρ 计算公式为

$$\rho = \frac{US}{IL} \tag{4-1}$$

式中　ρ——电阻率,$\Omega \cdot cm$;

U——量测电压,V;

I——量测电流,A;

S——试件的截面面积,cm^2;

L——试件上电极间距,cm。

4.1.4　碳纤维混凝土电阻率量测方法影响因素试验内容

本章主要试验内容见表 4-4。

表 4-4　碳纤维混凝土电阻率量测方法影响因素试验内容及试件特征值

序号	测试内容	试件尺寸 (mm×mm×mm)	试验变量	试件总个数
Ⅰ-1	量测电压对电阻率的影响	100×100×400	电压从 0 增加到 6 V，每次增加 0.5 V	3 个(1 组×3 个)
Ⅱ-1	量测电压对电阻率的影响	100×100×300	电压分别取 2 V、5 V、10 V、15 V、20 V、25 V 和 30 V	3 个(1 组×3 个)
Ⅲ-1	量测电压对电阻率的影响	100×100×300	电压分别取 2 V、5 V、10 V、15 V、20 V、25 V 和 30 V	3 个(1 组×3 个)
Ⅰ-2	电极材料对电阻率的影响	100×100×400	不锈钢网、铜片	6 个(2 组×3 个)
Ⅰ-3	电极面积对电阻率的影响	100×100×400	电极面积占试件截面面积的 30%、60%、80%	9 个(3 组×3 个)
Ⅰ-4	电阻率采集方法对电阻率的影响	100×100×400	二电极法、四电极法	6 个(2 组×3 个)
Ⅰ-5	湿度对电阻率的影响	100×100×400	含水率为 20%、40%、60%、80%	12 个(4 组×3 个)
Ⅰ-6	龄期对电阻率的影响	100×100×400	龄期为 10 d、20 d、45 d、60 d	12 个(4 组×3 个)
Ⅰ-7	极化效应对电阻率的影响	100×100×100	电压稳定后，先增大电压，再连续两次减小电压	3 个(1 组×3 个)
Ⅲ-2	接触电阻对电阻率的影响	100×100×300	碳纤维掺量为水泥质量的 1%、1.6%、2%；碳纤维长度 9 mm	9 个(3 组×3 个)

注：(1) 试验Ⅰ-1～Ⅰ-7，采用表 4-1 中混凝土基准配合比，所取的试验变量是指在其他影响因素相同的条件下，变化某一影响因素，来观测这一影响因素对电阻率的影响。其他影响因素相同是指：电极材料采用不锈钢网，电极面积为试件截面面积的 90%，量测方法采用四电极法，碳纤维掺量为水泥质量的 0.5%(碳纤维长度 6 mm)，量测电压为 10 V，含水率为 0，龄期为 28 d。

(2) 试验Ⅱ-1，采用表 4-2 中混凝土基准配合比，碳纤维掺量为水泥质量的 0.8%，其余试验条件同试验Ⅰ。

(3) 试验Ⅲ-1，采用表 4-3 中混凝土基准配合比，碳纤维掺量为水泥质量的 1%，其余试验条件同试验Ⅰ。

(4) 试验Ⅲ-2，采用表 4-3 中混凝土基准配合比，碳纤维掺量为水泥质量的 1%、1.6%、2%，碳纤维长度 9 mm，其余试验条件同试验Ⅰ。

4.2 碳纤维混凝土电阻率量测方法影响因素试验结果

4.2.1 量测电压对碳纤维混凝土电阻率的影响

试验系列Ⅰ-1 中,碳纤维掺量为水泥质量的 0.5%,采用四电极法、直流稳压电源,外加电压从 0.5 V 变化到 6 V,每次增加 0.5 V,量测电压对碳纤维混凝土电阻率影响的试验结果如图 4-2 所示。

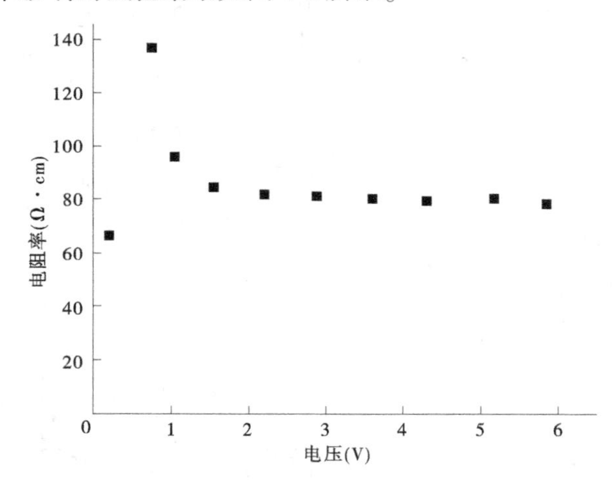

图 4-2　量测电压与碳纤维混凝土电阻率的关系(系列Ⅰ,碳纤维掺量 0.5%)

试验系列Ⅱ-1 中碳纤维掺量为水泥质量的 0.8%,试验系列Ⅲ-1 中碳纤维掺量为水泥质量的 1.0%,均采用四电极法、直流稳压电源,外加电压取 2 V、5 V、10 V、15 V、20 V、25 V 和 30V,量测电压对碳纤维混凝土电阻率影响的试验结果如图 4-3 和图 4-4 所示。

从图 4-2~图 4-4 可知,当外部施加电压在 2 V 以下时,电阻率的离散性较大;当外部施加电压在 2~5 V 时,电阻率基本上趋于稳定;当外部施加电压大于 10 V 时,电阻率测量结果较为稳定,变动幅度在 3%以内。

碳纤维混凝土导电由三部分组成:离子导电、电子导电、隧道效应导电。在较低电压下,特别是 2 V 以下时,由于电势差太小,产生的电场强度很低,电子不容易发生跃迁,隧道效应导电处于一个不稳定状态,导致电阻率处于一个

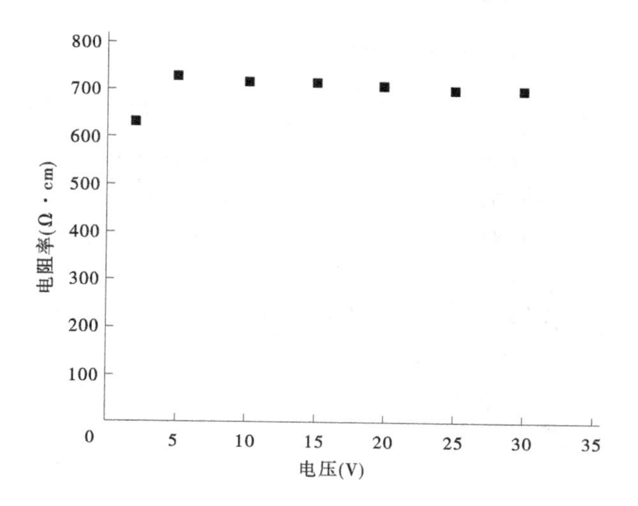

图 4-3　量测电压与碳纤维混凝土电阻率的关系(系列Ⅱ,碳纤维掺量 0.8%)

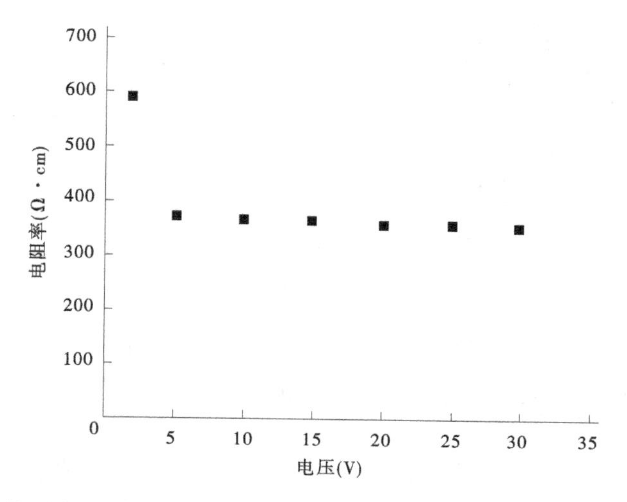

图 4-4　量测电压与碳纤维混凝土电阻率的关系(系列Ⅲ,碳纤维掺量 1.0%)

不稳定的状态。因此,低电压下,电阻率变化很大;而当外加电压在 5 V 以上,特别是 10 V 以上时,电场强度足够大,能够保证电子稳定的跃迁,产生稳定的电流,使电阻率趋于稳定。

4.2.2　电极材料对碳纤维混凝土电阻率的影响

电极材料对碳纤维混凝土的电阻率量测结果有着较大的影响，目前经常采用的电极形式主要有涂银法、预埋不锈钢网法、表层敷设导电胶法等。其中，涂银法最为精确，但是其造价高昂。表层敷设导电胶法与导电胶的导电性能及其黏结面紧密程度有直接关系，其关系到电阻量测的真实性和精确度。导电胶电阻过大或与界面黏结不良，会严重影响最终的量测结果，甚至导致试验的失败。预埋不锈钢网法虽其埋入位置不易控制，但是可以降低接触电阻的影响。综合以上各电极的优缺点，本次试验研究选用不锈钢网和铜片作为电极，电极尺寸为 80 mm×100 mm。

试验结果如图 4-5 所示。

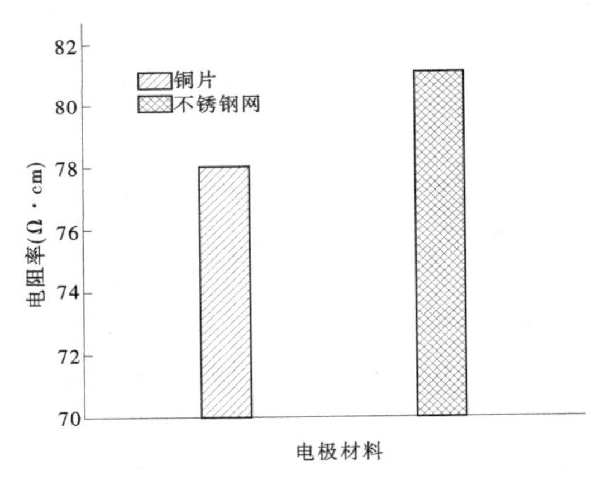

图 4-5　电极材料与碳纤维混凝土电阻率的关系

从图 4-5 可以得到，电极为不锈钢网时，测得的电阻率较大；而电极为铜片时，测得的电阻率较小。

试验测得的碳纤维混凝土电阻由三部分组成：电极本身的电阻、碳纤维混凝土的电阻、电极和碳纤维混凝土的接触电阻。作为导体材料，铜的电阻低于不锈钢的电阻，而且片状电极与混凝土的接触面积比网状电极大，因此选用铜片作为电极的接触电阻较小。对于实际工程，可根据需要采用铜片作为电极材料。

4.2.3　电极面积对碳纤维混凝土电阻率的影响

在电极面积分别占试件截面面积的 30%、60%、90%时，碳纤维混凝土电

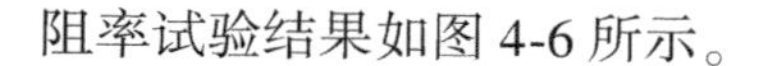
阻率试验结果如图 4-6 所示。

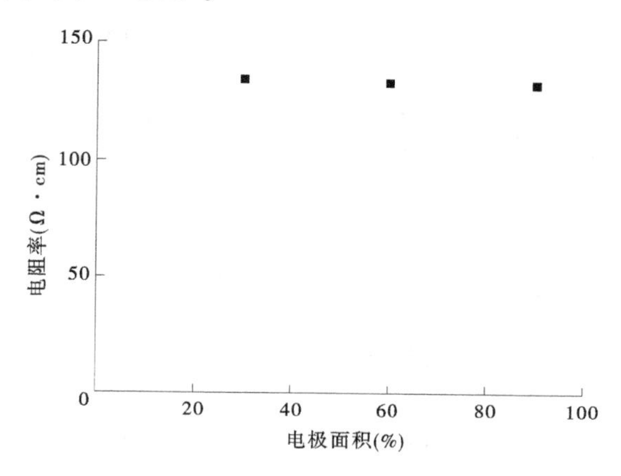

图 4-6　电极面积与碳纤维混凝土电阻率的关系

由图 4-6 可知,插入碳纤维混凝土内的电极面积分别占试件截面面积的 30%、60%、90%时,所测得的电阻率变化很小,因此电极面积对电阻率的量测结果影响不大。

由式(4-1)可知,碳纤维混凝土电阻率测试结果只与试件截面面积有关,而与插入电极的面积无关。因此,为了防止插入电极对碳纤维混凝土本身的力学性能产生影响,电极面积应尽可能小,或者尽可能增大电极网孔的尺寸,不影响混凝土内部的黏结。由于采用片状电极时,会在薄片和试件接触面之间形成一层多孔的过渡区,影响电阻测试的准确度,因此采用网状电极代替片状电极更为可取。而选用网状电极,则要考虑电极材料的刚度,避免裁剪及使用过程中的变形和掉丝对其导电性的影响。因此,本书的碳纤维混凝土试验中,均选用刚度较大的不锈钢网片作为电极材料。

4.2.4　测试方法对碳纤维混凝土电阻率的影响

电极材料采用不锈钢网,分别采用二电极法和四电极法,研究量测方法对电阻率的影响。试验结果如图 4-7 所示。

由图 4-7 可知,二电极法所测的电阻率较四电极法大。两种测试方法等效电路如图 4-8 所示。

图 4-8 中,R_C 为碳纤维混凝土电阻;R_J 为接触电阻;U_C 为混凝土两端电压;U_J 为接触电阻两端电压。

由测试结果和图 4-8 分析可知,采用四电极法测试时,电压表示数是碳纤

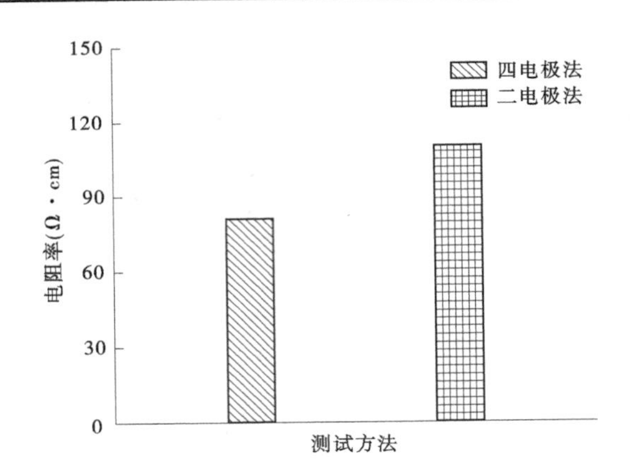

图 4-7　测试方法与混凝土电阻率的关系

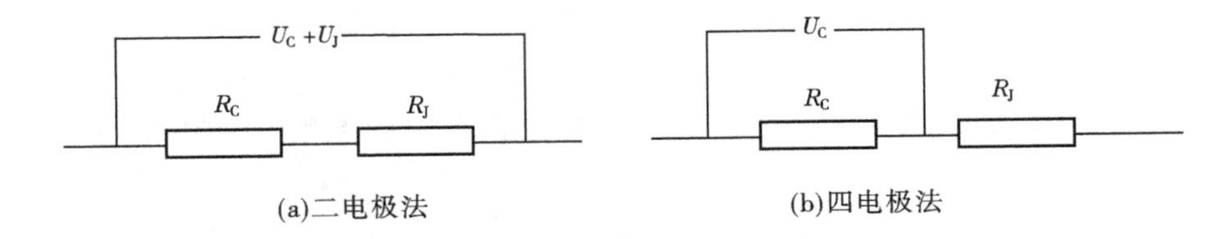

图 4-8　二电极法和四电极法等效电路图

维混凝土自身电阻两端的电压，U/I 计算结果为碳纤维混凝土电阻，而采用二电极法得出的是碳纤维混凝土电阻和接触电阻之和。所以，采用四电极法可以有效消除接触电阻对测试结果的影响，量测精度较高。

4.2.5　湿度对碳纤维混凝土电阻率的影响

进行了试件含水率分别为 20%、40%、60%、80%条件下湿度对电阻率的影响。试验结果如图 4-9 所示。

由图 4-9 可以得出，碳纤维混凝土的电阻率随着湿度的增加逐渐减小，当试件含水率从 20%增加到 80%时，相应电阻率减小了 27.3%。

湿度主要体现在试件含水率的多少，随着含水率的增大，混凝土空隙中的空气被水分取代，水的介电常数小于空气的介电常数，而且自由水增多，导电离子数量增多，导电能力增强，故碳纤维混凝土电阻率减小。

4.2.6　龄期对碳纤维混凝土电阻率的影响

在其他影响因素相同的情况下，分别量测了碳纤维混凝土 10 d、20 d、45

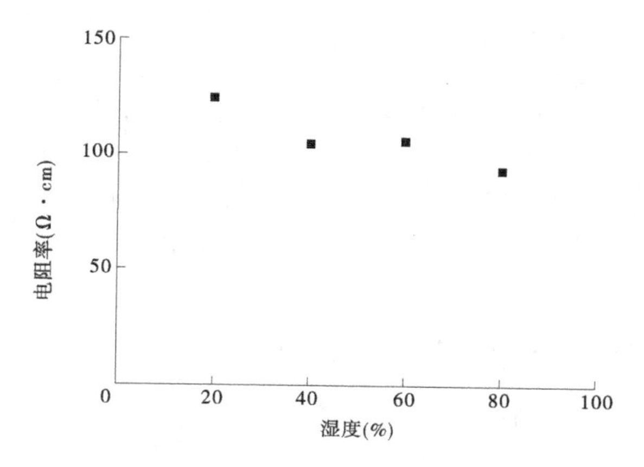

图 4-9　湿度与碳纤维混凝土电阻率的关系

d、60 d 龄期的电阻率，试验结果如图 4-10 所示。

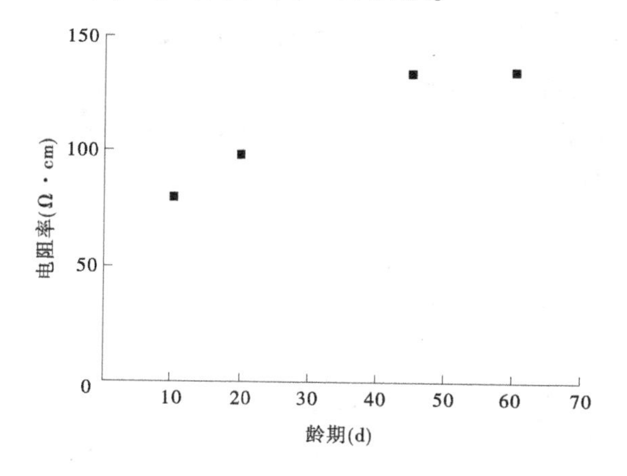

图 4-10　龄期与碳纤维混凝土电阻率的关系

由图 4-10 可以得出，随着龄期的增加，碳纤维混凝土的电阻率逐渐增大，在初期电阻率增加较快，但是当龄期超过 45 d 后，碳纤维混凝土的电阻率增加缓慢，逐渐趋于稳定。

碳纤维混凝土电阻率的变化与其内部结构的变化存在密切关系。内部结构的变化主要是由水泥的水化产生的，随着水泥水化的进行，碳纤维混凝土内部的自由水转化为吸附水和胶凝水，而吸附水和胶凝水的介电常数较大，导致电阻率增大。根据碳纤维混凝土的导电机制，随着自由水的减少，可以移动的离子数目减少，导电能力减弱，碳纤维混凝土的电阻率增大。另外，随着水泥水化的进行，水化产物逐渐增加，碳纤维表面的水化产物越来越厚，纤维之间的势垒逐渐增大，隧道效应导电减弱，导致碳纤维混凝土电阻率逐渐增大。

由于混凝土在水化前期水化速度较快，自由水转化为吸附水和胶凝水的转化率较大，自由水迅速减少，电阻率增长速率较快。后期水泥水化速度较慢，自由水缓慢减少，电阻率增长速率变慢，且随着水化作用的持续，电阻率会逐渐增大并趋于稳定。因此，在水泥硬化以后，电阻率值是稳定的，可以用于结构的监测。

4.2.7 极化效应对混凝土电阻率的影响

碳纤维混凝土导电时会产生极化效应，交流电虽可以降低极化效应，但交流电测量较为烦琐，且不同的频率对电阻也会产生不同的影响，不利于工程实际中的应用。因此本试验采用直流稳压电源供电。

在其他因素相同的情况下，碳纤维掺量为 0.5%，电极材料采用不锈钢网，采用二电极法进行测试，将直流稳压电源、电流表、碳纤维混凝土串联成电路，先让电压处于恒定状态，研究电流随时间的变化，再增加电压，观察电流的变化，最后连续两次减小电压，研究电流随时间的变化。

试验结果如图 4-11 所示。

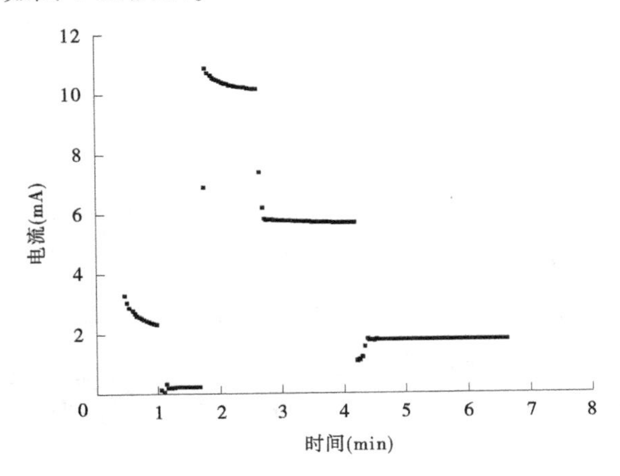

图 4-11 时间与电流的关系

由图 4-11 可以看出，第一阶段，电压稳定，电流随时间增加而减小；第二阶段，电压突然增大并保持稳定，导致电流突然增大，之后缓慢减小；第三阶段，电压突然减小并保持稳定，导致电流突然减小，之后缓慢增大；第四阶段，电压突然减小并保持稳定，导致电流突然减小，之后迅速增加并达到平稳状态。

上述试验结果产生的原因是：第一阶段，在外加电压下，碳纤维混凝土内部带电离子发生定向移动，导致负离子向正极移动，正离子向负极移动，在两电极间形成反电势差，随通电时间的增长，两电极上聚集的离子逐渐增多，反电势差逐渐增大，电流逐渐减小；第二阶段，突然增大电压，远超过极化电压，导致电流陡然增大，而后极化电压逐渐增大，电流缓慢减小；第三阶段，突降电压，但是此次突降，并没有降低到极化电压以下，因此电流逐渐减小；第四阶段，又一次突降电压，极化电动势高于外加电压，过多的负离子和过多的正离子反向运动，与外加电场的方向一致，因此电流在陡降之后，先增大，而后达到稳定。

对极化效应的机制做如下分析：

水泥水化物中存在大量的导电离子，如 Ca^{2+}、Na^{+}、OH^{-}、SO_4^{2-} 等，这些离子在电场作用下会产生定向移动。以下公式给出了离子在弱电场作用下，离子的平均漂移速率 v 和离子的迁移率 μ：

$$v = \frac{q\delta^2\nu}{6KT}e^{\frac{-\mu_0}{KT}}E \tag{4-2}$$

$$\mu = \frac{q\delta^2\nu}{6KT}e^{\frac{-\mu_0}{KT}} \tag{4-3}$$

式中　q——离子电荷，C；

δ——离子平均跃迁距离，cm；

ν——离子的振动频数，Hz；

μ_0——液体中离子跃迁时要克服的平均势垒，eV；

K——玻尔兹曼常数；

T——温度，K；

E——电场强度，V/m；

μ——离子的迁移率，$m^2/(s \cdot V)$；

v——离子的漂移速率，m/s。

由式(4-2)和式(4-3)可得，离子宏观漂移速率 v 与电场强度 E 成正比，离子的迁移率 μ 与电场强度 E 无关，因此减小电场强度即降低电压可以削弱极化效应对量测结果的影响。

4.2.8　接触电阻对混凝土电阻率的影响

在碳纤维混凝土制作过程当中，作为电极材料的不锈钢丝网被植入其内部，因此在对碳纤维混凝土进行电阻率量测时，不可避免地会遇到材料与电极之间产生接触电阻的问题。在实验室中，为了规避此影响，通常采用四电极法，但在实际工程应用时，由于受到多种条件因素的制约，二电极法采用的更为普遍。当接触电阻较大又处于不稳定的状态，材料自身电阻较小时，量测所得电阻率不能准确地反映碳纤维混凝土真实电阻的大小。

取 3 组试件，碳纤维长度为 9 mm，碳纤维掺量分别为水泥质量的 1.0%、1.6%、2.0%，相应的碳纤维体积掺量分别为 0.30%、0.49%和 0.60%。

试验基准配合比见表 4-3。试件尺寸规格为 100 mm×100 mm×300 mm，电极布置方式见图 4-12。

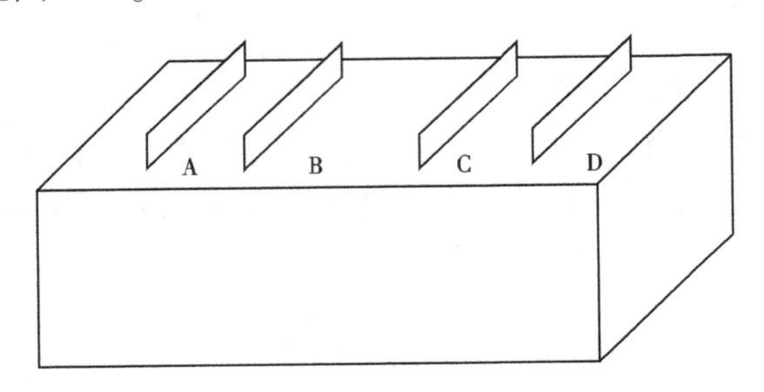

图 4-12　碳纤维混凝土试件电极布置图

在图 4-12 中，沿着试件长度方向分别布置 A、B、C、D 四个不锈钢丝网电极片。量测试块电阻时，电阻由两部分组成：碳纤维混凝土试件自身真实电阻和电极与混凝土基体之间的接触电阻。设 B、C 两个电极与其接触电阻之和为 R_b 和 R_c，AB、BC、AC、CD、BD 段的电阻值分别为 R_{AB}、R_{BC}、R_{AC}、R_{CD} 及 R_{BD}，通过计算可求得：

$$R_b = \frac{R_{AB} + R_{BC} - R_{AC}}{2} \tag{4-4}$$

$$R_c = \frac{R_{BC} + R_{CD} - R_{BD}}{2} \tag{4-5}$$

式(4-4)、式(4-5)中，R_b、R_c 分别为 B、C 两个电极处与碳纤维混凝土基体之间的接触电阻(由于电极材料自身电阻较小，此处忽略不计)。

用直流稳压电源对碳纤维混凝土试件施加外部电场，电压 $U=10$ V，利用高精度万用表直接量测材料的电阻，研究碳纤维掺量对接触电阻的影响。

试验结果见图 4-13。

图 4-13 所示为不同碳纤维体积掺量下 CFRC 试件接触电阻。从图 4-13

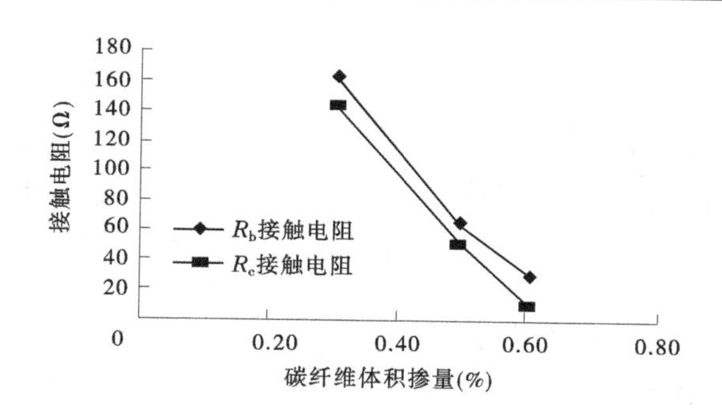

图 4-13　碳纤维体积掺量与接触电阻的关系

中可以看出，随着碳纤维体积掺量的增加，电极接触电阻明显降低。这是由于当不锈钢丝网电极与 CFRC 基体接触时，随着碳纤维体积掺量的增加，不锈钢丝网与 CFRC 基体内部碳纤维的实际接触点数在增加，相应的 CFRC 材料的接触电阻逐渐变小。当碳纤维体积掺量足够大时，电极接触电阻可忽略。

4.3　碳纤维混凝土电阻率量测方法选择

综合以上试验结果，本书后续各章所进行试验，均选取不锈钢网作为电极材料(插入电极面积为试件截面面积的 80%)，采用四电极法或二电极法(直流电压为 10 V)，通电 30 min 后量测混凝土(含水率为 0，龄期为 28 d)电阻率，作为该碳纤维混凝土电阻率实际值。

4.4　本章小结

本章主要研究了量测电压、电极材料、电极面积、测试方法、湿度、龄期和极化效应、接触电阻等因素对碳纤维混凝土电阻率的影响。主要结论如下：

(1)电阻率在较低电压下的离散性较大，特别是在 2 V 以下时，电阻率变化更大，当大于 5 V 时，电阻率基本稳定，较理想的量测电压可选 10 V。

(2)作为导体材料，铜的电阻低于不锈钢的电阻，而且片状电极与混凝土的接触面积比网状电极大，因此选用铜片作为电极的接触电阻较小。所以，仪器测得的电阻率，采用铜片作为电极时要比采用不锈钢网时较低。

(3)碳纤维混凝土电阻率测试结果只与试件截面面积有关，而与插入电极的面积无关。因此，为了防止插入电极对碳纤维混凝土本身的力学性能产生影响，电极面积应尽可能小，或者尽可能增大电极网孔的尺寸，不影响混凝土内部的黏结。

(4)二电极法测得的电阻率较大,而四电极法可以有效消除接触电阻对量测结果的影响,量测精度较高。

(5)随湿度的增加,碳纤维混凝土电阻率减小,主要是与试件内部的含水率有关,水的介电常数小于空气的介电常数,而且含水率增大,导电能力增强,故测得碳纤维混凝土电阻率下降。

(6)随着龄期的增加,碳纤维混凝土的电阻率逐渐增大,在初期电阻率增大较快,但是当龄期超过 45 d 后,碳纤维混凝土的电阻率增大缓慢,逐渐趋于稳定。

(7)由于水泥水化物中存在 Ca^{2+}、Na^{+}、OH^{-}、SO_4^{2-} 等离子,在电场的作用下,正负离子会发生定向移动,导致电极上形成一层带电覆盖层,形成反电势,导致了极化效应的产生,减小电场强度可以减小极化效应对量测结果的影响。

(8)电极与基体的接触电阻随着碳纤维体积掺量的增加而降低,当碳纤维体积掺量足够大时,电极接触电阻对碳纤维混凝土电阻率的影响可忽略。

第 5 章　碳纤维混凝土导电性能

在混凝土中掺加碳纤维，由于导电相碳纤维的存在，碳纤维混凝土的导电性能较普通混凝土有了较大幅度的改善，电阻率从 10^9 Ω · cm 降低至 10^2 Ω · cm 以内，使其不仅具有建筑材料的力学性能及耐久性，而且具有一定的功能特性——导电性，利用此特性可将碳纤维混凝土运用于桥面和路面融雪化冰、结构健康监测等工程中。为此，本章将通过试验研究碳纤维长度、碳纤维掺量、砂灰比等因素对碳纤维混凝土导电性能的影响，以期得到稳定的低电阻率混凝土配合比，为碳纤维混凝土在融雪化冰、结构健康监测等工程中的应用提供参考。

5.1　碳纤维混凝土导电机制

碳纤维混凝土的导电性由短切碳纤维丝和水泥基共同完成，电阻率是描述碳纤维水泥基复合材料导电性能的主要物理参数，它取决于碳纤维本身的性能以及碳纤维和水泥基体之间的相互作用。

已有研究表明，碳纤维水泥基复合材料导电方式主要有离子导电、电子导电和空穴导电三种导电方式。

离子导电、电子导电主要存在于普通水泥基中。离子导电是在外部电场作用下混凝土内部自由水中的 Ca^{2+}、OH^-、SO_4^{2-}、Na^+、K^+ 等离子产生定向移动而产生的，其导电能力的大小主要取决于自由水中离子的种类、浓度及温度等；电子导电主要是通过胶凝体、胶凝水及未反应的水泥颗粒产生的，主要是 Fe、Al、Ca 等的化合物。

空穴导电，是由于在碳纤维微观体系中存在一个无限大的 π 体系，π 电子能穿透邻近的两根碳纤维间的势垒，从一根碳纤维跃迁到另一根碳纤维形成隧道效应，电子穿过分散在基体中的碳纤维并形成网络，通过隧道效应连通网络间的绝缘间隔而进行传导。

三种导电方式对碳纤维水泥基复合材料电阻率的影响随碳纤维掺量的变化而变化。当碳纤维掺量较小时，以离子导电、电子导电为主；随着碳纤维掺量的增大，纤维间距离减小，此时离子导电、电子导电、空穴导电同时存在；随着碳纤维掺量的进一步增大，空穴导电占主要地位。

碳纤维混凝土存在导电渗滤现象，即当碳纤维体积掺量逐渐增大时，在某一掺量处碳纤维混凝土电阻率突然有较大幅度地降低，当超过此掺量时，电阻率的变化又趋于平缓，这就表明存在一渗流阈值，当碳纤维掺量大于渗流阈值时，混凝土内部的短切碳纤维可以相互搭接进而形成贯通的导电网络。由于碳纤维混凝土自身的复杂性，在实际工程中碳纤维混凝土导电主要是上述多个机制的综合。

5.1.1 碳纤维混凝土导电模型

碳纤维混凝土作为碳纤维和混凝土基体的两相复合材料，其电阻率取决于碳纤维掺量、碳纤维长度、碳纤维在混凝土基体中的分布状况、碳纤维丝电阻率、水泥砂浆基体电阻率、温度、含水率等多种因素。目前，关于碳纤维混凝土复合材料的电阻率模型主要有以下五种：

(1)串联模型：此模型假设两相材料之间的关系是串联关系。由于碳纤维混凝土中碳纤维的电阻率很小，而作为基体的水泥砂浆的电阻率较大，两者串联之后会得到一个较大的电阻，适用于碳纤维混凝土电阻率上限取值，即

$$R_c = \nu_m R_m + \nu_f R_f \tag{5-1}$$

(2)并联模型：此模型假设两相材料之间的关系是并联关系，适用于碳纤维混凝土电阻率下限取值，即

$$\frac{1}{R_c} = \frac{\nu_m}{R_m} + \frac{\nu_f}{R_f} \tag{5-2}$$

(3)Lichtenecker 对数模型：该模型与串联模型相似，但碳纤维混凝土的电阻率、混凝土基体电阻率和碳纤维电阻率以对数的形式给出，即

$$\log R_c = \nu_m \log R_m + \nu_f \log R_f \tag{5-3}$$

(4)Maxwell-Wagner 模型：表达式为

$$R_c = R_m \frac{2R_m + R_f - 2\nu_f(R_m - R_f)}{2R_m + R_f + \nu_f(R_m - R_f)} \tag{5-4}$$

(5)Fan 模型：此模型可以预测任意形状填充物的导电性，其表达式为

$$\frac{1}{R_c} = \frac{\nu_m^i}{R_m} + \frac{\nu_f^j}{R_f} + \frac{1 - \nu_m^i - \nu_f^j}{R_f \nu_f + R_m \nu_m} \tag{5-5}$$

式中 R_c——碳纤维混凝土复合电阻率；

R_m——混凝土基体电阻率；

R_f——短切碳纤维丝电阻率；

ν_m——碳纤维混凝土中混凝土基体体积分数；

ν_f——碳纤维混凝土中碳纤维体积分数。

对于碳纤维混凝土，i、j 均取 2。

通过串联模型与 Lichtenecker 对数模型得到的材料电阻率，其值实为碳纤维混凝土电阻率的上限，较真实电阻率值偏大；而并联模型得到的材料电阻率，其值实为碳纤维混凝土电阻率的下限，较真实电阻率值偏小；Maxwell-Wagner 模型适用于在混凝土基体中含有球形导电物的情况，而碳纤维为细条形导电物，两者不太相符；Fan 模型中电阻率的测试结果与 i、j 的取值有关。综合分析以上模型的优缺点，本试验采用碳纤维混凝土电阻简化计算模型，如图 5-1 和式(5-6)所示。

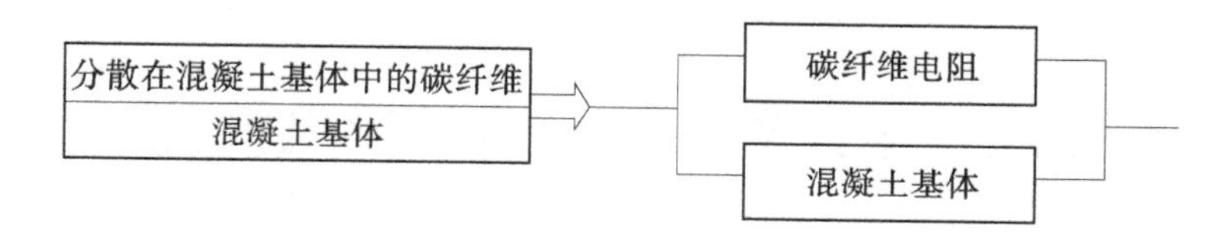

图 5-1　碳纤维混凝土电阻简化计算模型

$$\frac{1}{R}=\frac{1}{R_c}+\frac{1}{R_f}=\frac{R_f+R_c}{R_cR_f} \tag{5-6}$$

式中　R——碳纤维混凝土电阻；

R_c——混凝土基体电阻；

R_f——碳纤维电阻。

在碳纤维混凝土试件含水率较高情况下，水作为一种导体，使得混凝土基体电阻 R_c 较小，此时碳纤维混凝土复合材料电阻 R 由混凝土基体和短切碳纤维丝共同决定；而当试件处在干燥条件下时，混凝土基体电阻 R_c 很大，碳纤维混凝土电阻主要由短切碳纤维丝决定。

5.1.2　碳纤维混凝土导电性能影响因素

影响碳纤维混凝土导电性能的因素较多，其中混凝土配合比设计是主要影响因素，包括导电相碳纤维掺量及长度、水灰比、砂灰比、骨料粒径大小等；碳纤维混凝土导电性能还会随着水化龄期、周边环境温度、湿度等而发生变化；碳纤维在混凝土中能否均匀分散也是影响其导电性能的一个重要因素。

根据渗流理论，研究发现碳纤维掺量对碳纤维混凝土导电特性存在一渗流区间。当碳纤维掺量低于渗流区间下限值时，碳纤维混凝土电阻率较大，碳纤维没有形成完整的导电网格；当碳纤维掺量大于渗流区间上限值时，碳纤维混凝土电导特性明显增强，碳纤维之间互相搭接比较充分而形成完整的导电网格，此时继续增加碳纤维的掺量，电阻率变化趋于平缓。碳纤维长度越长，相互之间越容易搭接，更易形成导电通道，但碳纤维长度过长不利于碳纤维在混凝土中均匀分散，对导电性有不利影响。随着砂灰比的增大及粗骨料的加入，由于砂子及碎石的绝缘特性及分布的随机性，在碳纤维之间易形成导电障碍或切断原有的导电通道，导致碳纤维混凝土导电特性减弱。水化龄期的不同，致使电子在穿越隧道效应的间隔势垒时遇到的阻力大小不同，进而对导电特性产生影响。

本章主要研究碳纤维水泥砂浆和碳纤维混凝土中碳纤维掺量、碳纤维长度、粗骨料含量等因素对碳纤维水泥基复合材料导电性能的影响。

5.2 碳纤维水泥砂浆的导电性能

碳纤维水泥砂浆是一种由水泥基体与碳纤维复合而成的材料，其导电性能会受到水泥基体和碳纤维两方面的影响，本节主要研究碳纤维掺量、砂灰比、养护龄期和养护条件等对碳纤维水泥砂浆导电性能的影响。

本节试验基准配合比同表 2-9，所用试验原材料、试件的制备工艺和养护条件均同第 2 章硬化电阻测试试验。

试验采用不锈钢网作为电极，采用四电极法来测量碳纤维水泥基复合材料的电阻率。碳纤维水泥砂浆中的电极尺寸统一采用 25 mm×20 mm，碳纤维混凝土中的电极尺寸采用 100 mm×80 mm。

试验方法同第 4 章。

5.2.1 碳纤维掺量对碳纤维水泥砂浆导电性能的影响

在干、湿两种环境下，探究不同碳纤维掺量对碳纤维水泥砂浆导电性能的影响规律。

碳纤维体积掺量依次为 0、0. 05%、0. 10%、0. 15%、0. 20%、0. 25%、0. 30%、0. 35%、0. 40%、0. 45%和 0. 50%。

干燥状态即试件在 105 ℃条件下干燥至恒重后取出冷却至室温；水饱和状态即将试件在水中浸泡 48 h 取出后用毛巾擦去表面水。

按碳纤维掺量分为 6 组，每组 6 个试件。

试验结果如图 5-2 所示，为能更直观地反映试验结果，用电导率来表征试

件的导电性能,电导率 $\sigma = 1/\rho = L/(R \cdot A)$。

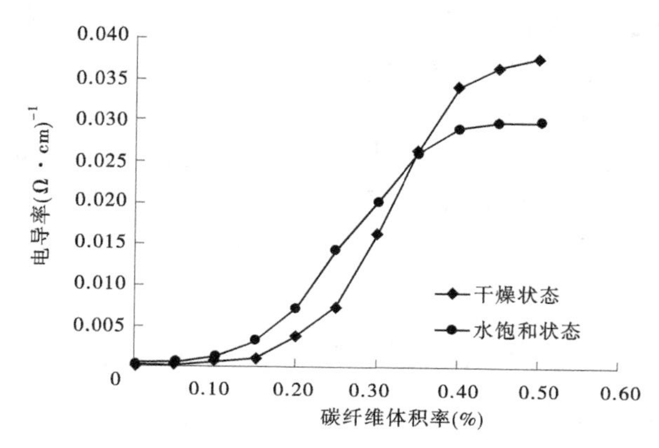

图 5-2　碳纤维水泥砂浆电导率与碳纤维体积率的关系

图 5-2 给出了干燥和水饱和两种状态下碳纤维水泥砂浆导电性能与碳纤维体积率的关系曲线,从图中可以得出如下结论:

(1)随着碳纤维体积掺量的增大,碳纤维水泥砂浆电导率呈增大趋势,说明其导电性能随之提高。碳纤维体积率小于 0.15%时,碳纤维水泥砂浆电导率随着碳纤维体积率的增大而有微小增长;当碳纤维体积率在 0.15%~0.40%时,碳纤维水泥砂浆电导率随着碳纤维体积率的增大而迅速增长;当碳纤维体积率大于 0.40%时,碳纤维水泥砂浆电导率增长较缓慢,甚至趋于稳定。

(2)干湿环境对碳纤维水泥砂浆导电性能有影响,当碳纤维体积率小于 0.35%时,相同的碳纤维体积率下干燥状态碳纤维水泥砂浆的电导率要高于水饱和状态;而当碳纤维体积率大于 0.35%时,则正好相反。

由于碳纤维是随机分布在水泥基体中的,所以根据碳纤维掺量的不同存在的导电方式也不同。当碳纤维体积率小于 0.15%时,纤维间距离很大,电子很难成功跃迁。在水饱和状态下,孔溶液中存在水化产生的 Ca^{2+}、Na^{+}、OH^{-} 等离子,可供离子导电,所以碳纤维水泥砂浆的导电方式主要以离子导电为主;而在干燥状态下,大量离子结晶析出,致使电导能力很差,几乎不导电。

当碳纤维体积率为 0.15%~0.40%时,随着碳纤维体积率的增加,纤维之间的距离也随之缩短,使搭接增多。此时,离子导电和空穴导电同时存在,试件的主要导电方式逐渐由离子导电过渡到隧道效应导电。在干燥状态下,一方面离子导电能力逐渐消失,使电导率降低;另一方面碳纤维间被水泥水化产物填充，凝胶颗粒失水引起收缩，使碳纤维间距减小，碳纤维跃迁势垒降低，电子更易发生隧道跃迁，从而使干燥状态下碳纤维水泥砂浆电导率快速增加，干燥和水饱和两种状态下电导率差值逐渐缩小，直至曲线相交。

当碳纤维体积率大于0.40%时，碳纤维水泥砂浆内部的碳纤维导电网络已形成，此时的导电方式主要以碳纤维导电网络为主。在水饱和状态下，碳纤维表面存在吸附水膜，使纤维间的接触电阻增大。在干燥状态下，碳纤维表面的水分蒸发降低了接触电阻。因此，干燥状态下碳纤维水泥砂浆的电导率要大于水饱和状态下的电导率。

5.2.2　砂灰比对碳纤维水泥砂浆导电性能的影响

砂灰比依次采用1、1.2、1.5、2，每组制备三个试块，主要原材料单位用量如表5-1所示。

表5-1　各材料单位用量　　(单位：kg/m^3)

砂灰比	水泥	水	砂	微硅粉	减水剂	分散剂(HEC)	碳纤维
1	542	298	542	81	5.4	3.3	4.3
1.2	520	286	624	78	5.2	3.1	4.2
1.5	492	271	738	73.8	4.9	3	3.9
2	450	248	900	67.5	4.5	2.7	3.6

砂灰比对碳纤维水泥砂浆导电性能影响的试验结果如图5-3所示。

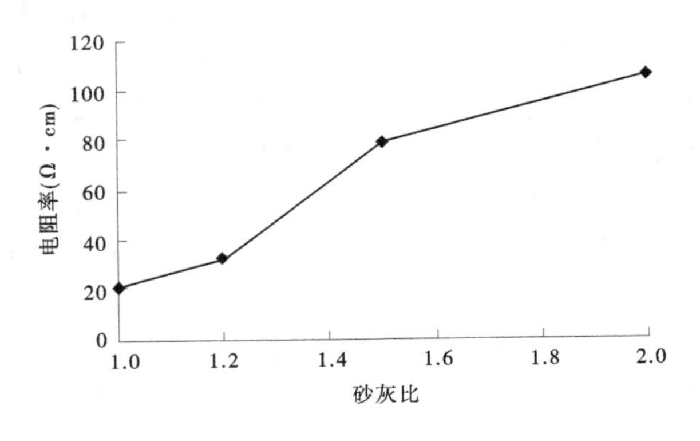

图5-3　砂灰比与电阻率的关系

从图5-3中可以得到如下结论：

（1）随着砂灰比的增大，碳纤维水泥砂浆的电阻率逐渐增大。

（2）砂灰比对碳纤维水泥砂浆电阻率值的影响很大，当砂灰比从 1 增大到 1.2 时，电阻率值相应地增大了 55.8%；砂灰比为 2 时所对应的电阻率值较砂灰比为 1 时所对应的电阻率值增大了 414.5%。

砂在砂浆中起到骨架的作用，是不可缺少的组分之一。在碳纤维水泥砂浆中，砂灰比是影响其电阻率的重要因素。

首先，从制备工艺上，在水灰比不变的情况下，当砂灰比增大时，碳纤维在基体中的分散阻力会随之增大，从而使碳纤维的分散性变差。在试件成型后，砂灰比大的试件，其单位体积内骨料相对较多，致使碳纤维之间搭接困难，同时碳纤维之间距离较大，增大了碳纤维间的绝缘势垒，使电子跃迁变得更困难，导电能力也随之下降，电阻率增大。其次，砂浆中自由水的实际含量是影响碳纤维水泥砂浆电阻率的主要因素，降低自由水的含量会使导电能力下降，增大砂灰比相当于降低了自由水的含量，致使导电能力降低，电阻率增大。

综上所述，在碳纤维水泥砂浆试件制备中，砂灰比选用以 1 或 1.2 为宜，不宜超过 1.2。

5.2.3　龄期对碳纤维水泥砂浆导电性能的影响

碳纤维混凝土在实际工程中是一个长期的应用过程。碳纤维水泥砂浆作为自感应材料的导电性是否会随着龄期的增长而产生变化，将直接影响其作为智能材料在工程实际中的应用。

系统量测了碳纤维水泥砂浆龄期分别为 3 d、7 d、14 d、28 d、60 d 和 90 d 时的导电性能。试验结果如图 5-4 所示。

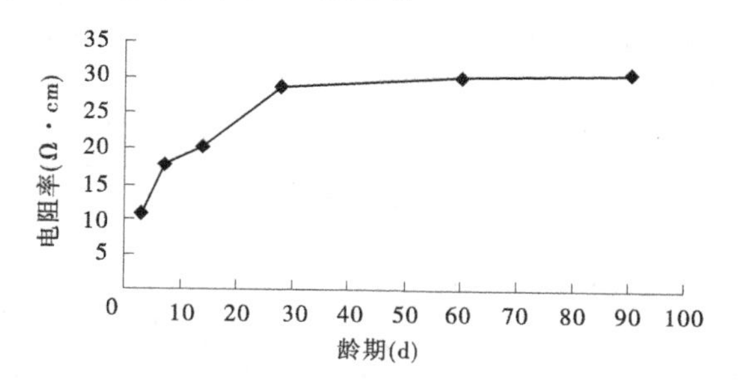

图 5-4　龄期与碳纤维水泥砂浆电阻率的关系

图 5-4 给出了龄期与碳纤维水泥砂浆电阻率的关系，从图中可以得出以下结论：

碳纤维水泥砂浆的电阻率随着龄期的增长而增大。28 d 前试件的电阻率增长较快,其中 7 d 前增长最快。28 d 以后电阻率增长非常缓慢,总体已趋于稳定;60 d 以后可认为龄期对电阻率无影响。

碳纤维水泥砂浆电阻率随龄期变化的原因主要是水泥熟料矿物的水化引起的水泥石结构的不断变化。由于碳纤维水泥砂浆早期水化速率快,后期慢,所以早期自由水减少较快,产生的吸附水和凝胶水较多,纤维间绝缘势垒变化也较大,从而早期电阻率增长速率也较快。随着水化反应的进行,基体内自由水减少,转化为介电常数较大的吸附水和凝胶水,碳纤维与水泥的界面逐渐转化为固—固接触,碳纤维表面的水化产物层逐渐变厚,从而使材料的离子导电能力下降,纤维间的绝缘势垒也随之变大,电子通过隧道跃迁变得困难,局部地区电子跃迁甚至变得不可能,因此碳纤维水泥砂浆的电阻率呈逐渐增大的趋势。

从以上分析可以得出,电阻率随养护龄期发生变化,主要是因为碳纤维水泥砂浆中水泥熟料的水化反应,当水化反应结束时,电阻率也就趋于稳定。

5.3　碳纤维混凝土的导电性能

在上述碳纤维水泥砂浆导电性能研究的基础上,考虑实际工程中水泥砂浆应用范围的限制,对于广泛应用于工程实际的碳纤维混凝土,应考虑配合比中粗骨料对其导电能力的影响。本节采用正交试验方法,选取砂灰比、短切碳纤维丝长度、碳纤维掺量三个影响因素进行试验,主要探讨水灰比(W/C)、砂灰比(S/C)(粗骨料的掺量)、混凝土搅拌后碳纤维的实际长度、碳纤维体积掺量等对碳纤维混凝土导电性能的影响。

本节试验基准配合比见表 4-2、表 4-3 和表 5-2。所用试验原材料、试件的制备工艺和养护条件、试验方法等均同第 4 章。

表 5-2　混凝土基准配合比(系列Ⅱ)

编号	主要材料用量(kg/m³)			
	水泥	水	砂	石
Ⅱ	450	225	662	992

注:混凝土配合比中,水泥:水:砂:石 = 1:0.5:1.47:2.20,粉煤灰掺量为水泥质量的 15%,碳纤维掺量为水泥质量的 0.8%,减水剂掺量为水泥质量的 0.8%,分散剂掺量为水泥质量的 0.35%,消泡剂掺量为水泥质量的 0.03%。

针对碳纤维掺量、碳纤维长度、砂灰比对碳纤维混凝土导电性能的影响，考虑到试验中各因素的水平数的不同，为减少试验次数，设计了 2 个 3 水平 3 因素的正交试验方案，选择 $L_9(3^4)$ 正交表安排本次具体的试验，正交设计试验方案见表 5-3。

表 5-3　试验参数

编号	碳纤维掺量（%）	碳纤维长度（mm）	砂灰比	编号	碳纤维掺量（%）	碳纤维长度（mm）	砂灰比
Ⅰ-1	0.8	6	2.08	Ⅱ-1	1.2	6	1.08
Ⅰ-2	0.8	9	1.47	Ⅱ-2	1.2	9	2.08
Ⅰ-3	0.8	12	1.08	Ⅱ-3	1.2	12	1.47
Ⅰ-4	1.0	6	1.47	Ⅱ-4	1.6	6	2.08
Ⅰ-5	1.0	9	1.08	Ⅱ-5	1.6	9	1.47
Ⅰ-6	1.0	12	2.08	Ⅱ-6	1.6	12	1.08
Ⅰ-7	1.2	6	1.08	Ⅱ-7	2.0	6	1.47
Ⅰ-8	1.2	9	2.08	Ⅱ-8	2.0	9	1.08
Ⅰ-9	1.2	12	1.47	Ⅱ-9	2.0	12	2.08

注：Ⅰ系列碳纤维掺量占水泥质量的 0.8%～1.2%，Ⅱ系列碳纤维掺量占水泥质量的 1.2%～2.0%。

主要试验内容见表 5-4。

表 5-4　碳纤维混凝土导电性能影响因素试验内容及试件特征值

序号	测试内容	试件尺寸（mm×mm×mm）	试验变量	试件总个数
1	碳纤维混凝土导电特性影响因素（系列Ⅰ）	100×100×300	正交试验 碳纤维掺量 0.8%、1.0%、1.2%； 碳纤维长度 6 mm、9 mm、12 mm； 砂灰比 1.08、1.47、2.08	27 个 （9 组×3 个）
2	碳纤维混凝土导电特性影响因素（系列Ⅱ）	100×100×300	正交试验 碳纤维掺量 1.2%、1.6%、2.0%； 碳纤维长度 6 mm、9 mm、12 mm； 砂灰比 1.08、1.47、2.08	27 个 （9 组×3 个）

试验结果见表 5-5、表 5-6。

表 5-5　混凝土电阻率量测结果(系列Ⅰ)

编号	电阻率 R(Ω · cm)	编号	电阻率 R(Ω · cm)
Ⅰ-1	6 278	Ⅰ-6	5 173
Ⅰ-2	5 826	Ⅰ-7	3 484
Ⅰ-3	3 908	Ⅰ-8	5 236
Ⅰ-4	4 694	Ⅰ-9	1 318
Ⅰ-5	3 481		

表 5-6　混凝土电阻率量测结果(系列Ⅱ)

编号	电阻率 R(Ω · cm)	编号	电阻率 R(Ω · cm)
Ⅱ-1	3 484	Ⅱ-6	174
Ⅱ-2	5 236	Ⅱ-7	466
Ⅱ-3	1 318	Ⅱ-8	42
Ⅱ-4	4 236	Ⅱ-9	924
Ⅱ-5	1 321		

5.3.1　碳纤维掺量对碳纤维混凝土导电性能的影响

碳纤维掺量对碳纤维混凝土导电性能的影响如图 5-5 所示,从图中可以看到,在碳纤维掺量为 0.8%~2.0%时,随着碳纤维掺量的增加,碳纤维混凝土电阻率明显减小。

5.3.2　碳纤维长度对碳纤维混凝土导电性能的影响

碳纤维长度对碳纤维混凝土导电性能的影响如图 5-6 所示,从图中可以看到,随着碳纤维长度的增加,碳纤维混凝土电阻率明显减小。

5.3.3　砂灰比对碳纤维混凝土导电性能的影响

砂灰比对碳纤维混凝土导电性能的影响如图 5-7 所示,从图中可以看到,随着砂灰比的减小,碳纤维混凝土电阻率呈现逐渐降低的趋势。当碳纤维掺量较高(1.2%~2.0%)时,砂灰比在 1.5 附近,可得到较低的电阻率。

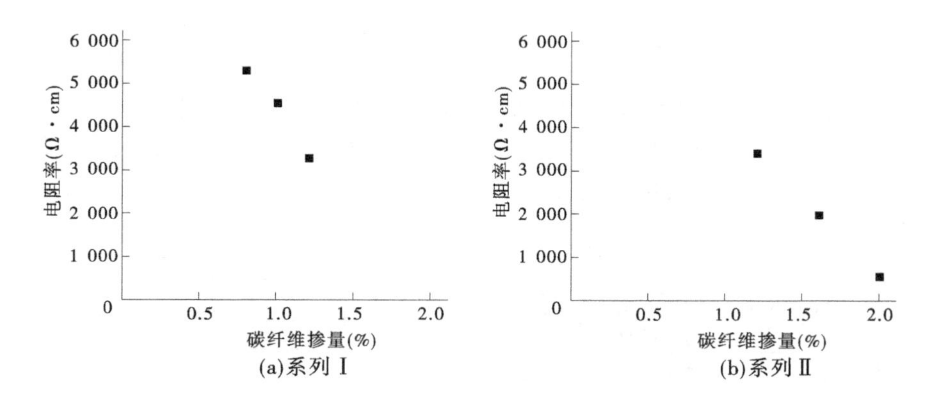

图5-5　碳纤维掺量与碳纤维混凝土电阻率的关系

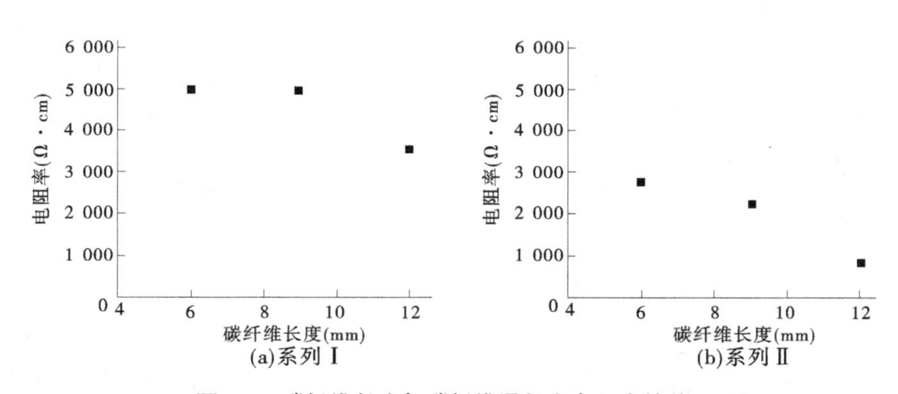

图5-6　碳纤维长度与碳纤维混凝土电阻率的关系

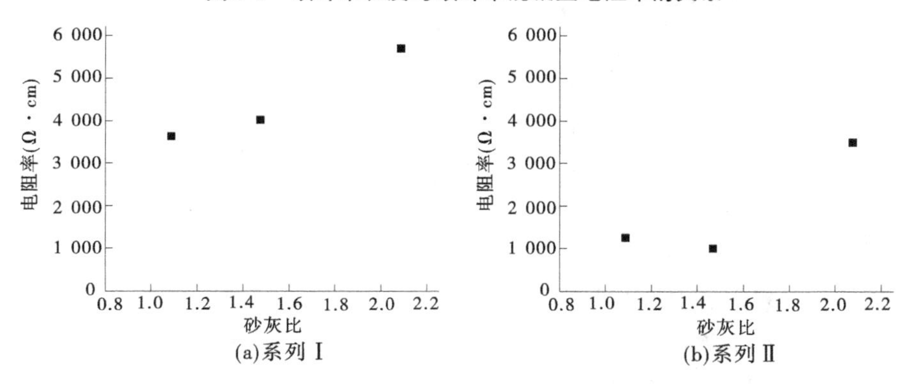

图5-7　砂灰比与碳纤维混凝土电阻率的关系

5.3.4　试验结果分析

根据数理统计原理,对影响碳纤维混凝土电阻率的试验因素进行方差分析。方差分析是研究自变量与因变量相互关系的一种实用、有效的统计检验方法,能用于检验相关因素对试验结果影响的显著性,方差分析的基本步骤如图 5-8 所示。

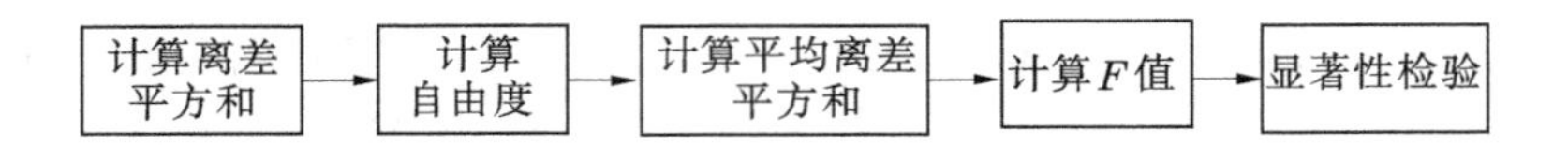

图 5-8　方差分析的基本步骤

设有 k 个影响因素,每个因素均具有 t 个水平,在正交表 $L_n(t^k)$ 上进行多因素多水平试验,若 k 个因素之间不存在交互效应,令 T_{j1} 表示第 j 因素第 1 个水平对应的试验指标之和,T_{j2} 表示第 j 因素第 2 个水平对应的试验指标之和,…,T_{jt} 表示第 j 因素第 t 个水平对应的试验指标之和,以下简要说明方差分析的计算方法。

设 n 组试验指标为 $U_1,U_2,\cdots,U_n$,本章节中 $n=9$,则试验指标的总离差平方和为 SS_t:

$$SS_t = \sum_{i=1}^{n}(U_i - \overline{U})^2 = \sum_{j=1}^{k} SS_j + SS_e \tag{5-7}$$

其中 SS_j 所示为正交表上第 j 列的离差平方和,SS_e 为误差平方和。利用正交表均衡分散性和综合可比性的特点,SS_j 可做如下变化(列内计算,即固定一个具体的因素):

$$\begin{aligned} SS_j &= m\sum_{r=1}^{t}\left(\frac{T_{jr}}{m} - \overline{U}\right)^2 \\ &= m\left(\sum_{r=1}^{t}\frac{T_{jr}^2}{m^2} - 2\sum_{r=1}^{t}\frac{T_{jr}}{m}\overline{U} + \sum_{r=1}^{t}\overline{U}^2\right) \\ &= \frac{1}{m}\sum_{r=1}^{t}T_{jr}^2 - \frac{1}{mt}\left(\sum_{i=1}^{n}U_i\right)^2 \end{aligned} \tag{5-8}$$

式中:m——列内各水平的重复次数;

t——水平数;

n——总试验组数,$n=mt$。

令 $CT=\frac{1}{n}(\sum_{i=1}^{n}U_i)^2$,$CT$ 是各列共用的一个统计量,又称为修正项。于是

SS_j 简化为下式：

$$SS_j = \frac{1}{m}\sum_{r=1}^{t} T_{jr}^2 - CT \tag{5-9}$$

SS_t 的自由度 f_t 为总试验组数减 1，SS_j 的自由度 f_j 为第 j 列水平数减 1。在进行方差分析时，误差平方和 SS_e 取所有空白列的平方和之和，其自由度 f_e 取所有空白列自由度之和。

当进行因素显著性分析时，需要构造一个统计量 F_j，F_j 服从自由度为 (f_j, f_e) 的 F 分布，即

$$F_j = \frac{SS_j/f_j}{SS_e/f_e} : F(f_j, f_e) \tag{5-10}$$

在给定的显著性水平 α 下，可以检验各因素对电阻率 R 影响的显著性。根据式(5-7)～式(5-9)，将指标 R 的计算过程列入表 5-7 和表 5-8 中。

表 5-7　碳纤维混凝土电阻率 R 方差分析计算表（系列 Ⅰ）

试验号	影响因素			误差列	电阻率 R (Ω · cm)
	碳纤维掺量 A	碳纤维丝长度 B	砂灰比 C		
1	1(0.8%)	1	1	1	6 278
2	1	2	2	2	5 826
3	1	3	3	3	3 908
4	2(1.0%)	1	2	3	4 694
5	2	2	3	1	3 481
6	2	3	1	2	5 173
7	3(1.2%)	1	3	2	3 484
8	3	2	1	3	5 236
9	3	3	2	1	1 318
T_{j1}	16 012	14 456	16 687	11 077	
T_{j2}	13 348	14 543	11 838	14 483	
T_{j3}	10 038	10 399	10 873	13 838	
T_{j1}^2	256 384 144	208 975 936	278 455 969	122 699 929	
T_{j2}^2	178 169 104	211 498 849	140 138 244	209 757 289	
T_{j3}^2	100 761 444	108 139 201	118 222 129	191 490 244	
修正项 CT	172 466 934	172 466 934	172 466 934	172 466 934	
离差 SS_j	5 971 297	3 737 728	6 471 847	2 182 220	

表 5-8　碳纤维混凝土电阻率 R 方差分析计算表(系列Ⅱ)

试验号	影响因素			误差列	电阻率 R (Ω · cm)
	碳纤维掺量 A	碳纤维丝长度 B	砂灰比 C		
1	1(1.2%)	1	1	1	3 484
2	1	2	2	2	5 236
3	1	3	3	3	1 318
4	2(1.6%)	1	2	3	4 236
5	2	2	3	1	1 321
6	2	3	1	2	174
7	3(2.0%)	1	3	2	466
8	3	2	1	3	42
9	3	3	2	1	924
T_{j1}	10 038	8 186	3 700	5 729	
T_{j2}	5 731	6 599	10 396	5 876	
T_{j3}	1 432	2 416	3 105	5 596	
T_{j1}^2	100 761 444	67 010 596	13 690 000	32 821 441	
T_{j2}^2	32 844 361	43 546 801	108 076 816	34 527 376	
T_{j3}^2	2 050 624	5 837 056	9 641 025	31 315 216	
修正 CT	32 874 933	32 874 933	32 874 933	32 874 933	
离差 SS_j	12 343 876	5 923 218	10 927 680	13 078	

在表 5-7 和表 5-8 的基础上可对各因素极差分析和方差分析,并检验各因素对碳纤维混凝土电阻率影响的显著性。

5.3.4.1　极差分析

采用极差分析法分析各因素对碳纤维混凝土电阻率的影响,其结果见表 5-9 和表 5-10,其中最优水平的 *ABCD* 仅代表因素序号。

表 5-9　各影响因素对电阻率 R 极差分析(系列Ⅰ)

影响因素	碳纤维掺量	碳纤维长度(mm)	砂灰比(S/C)
水平 1	0.8%	6	2.08
水平 2	1.0%	9	1.47
水平 3	1.2%	12	1.08
均值 1	5 337	4 819	5 562
均值 2	4 449	4 848	3 946
均值 3	3 346	3 466	3 624
极差	1 991	1 381	1 938
最优水平	$A3$	$B3$	$C3$

表 5-10　各影响因素对电阻率 R 极差分析(系列Ⅱ)

影响因素	碳纤维掺量	碳纤维长度(mm)	砂灰比(S/C)
水平 1	1.2%	6	1.08
水平 2	1.6%	9	2.08
水平 3	2.0%	12	1.47
均值 1	3 346	2 729	1 233
均值 2	1 910	2 200	3 465
均值 3	477	805	1 035
极差	2 869	1 923	2 430
最优水平	$A3$	$B3$	$C3$

从表 5-9 和表 5-10 可以得到,对碳纤维掺量占水泥质量的 0.8%～1.2%(系列Ⅰ)和碳纤维掺量占水泥质量的 1.2%～2.0%(系列Ⅱ),电阻率影响因素的最优组合均为 $A3$、$B3$、$C3$,即碳纤维掺量越高、碳纤维长度越长、砂灰比越小,碳纤维混凝土电阻率越小。同时可知,碳纤维掺量对碳纤维混凝土电阻率影响最大,碳纤维长度对碳纤维混凝土电阻率影响最小。

5.3.4.2　方差分析及显著性检验

为检验各影响因素对碳纤维混凝土电阻率影响的显著性,进行相应的分析计算,见表 5-11 和表 5-12。

表 5-11　方差分析(系列Ⅰ)

方差来源	离差平方和	自由度	均方离差	F 值
碳纤维掺量	5 971 297	2	2 985 648	2.74
碳纤维长度	3 737 728	2	1 868 864	1.71
砂灰比	6 471 847	2	3 235 923	2.97
误差	2 182 220	2	1 091 110	
总和	18 363 092	8		

表 5-12　方差分析(系列Ⅱ)

方差来源	离差平方和	自由度	均方离差	F 值
碳纤维掺量	12 343 876	2	6 171 938	934.9
碳纤维长度	5 923 218	2	2 961 609	452.93
砂灰比	10 927 680	2	5 463 840	835.61
误差	13 078	2	6 539	
总和	29 207 852	8		

从表 5-11 可知,对碳纤维掺量占水泥质量的 0.8%~1.2%(系列Ⅰ),当显著性水平取 $\alpha=0.05$ 时,查 F 分布上侧分位数表得 $F_{0.05}(2,2)=19$;当显著性水平取 $\alpha=0.27$ 时,查表得 $F_{0.27}(2,2)=2.7$。所有影响因素的 F 值均小于 19,说明碳纤维掺量、碳纤维长度和砂灰比三个因素在 5%的显著性水平下对电阻率无明显影响。当增大显著性水平到 0.27 时,砂灰比、碳纤维掺量两个因素对电阻率有明显影响,显著性影响顺序为砂灰比最大,碳纤维掺量次之,碳纤维长度不显著。

从表 5-12 可得,对碳纤维掺量占水泥质量的 1.2%~2.0%(系列Ⅱ),当显著性水平 $\alpha=0.05$ 时,查 F 分布上侧分位数表得 $F_{0.05}(2,2)=19$;当显著性水平 $\alpha=0.005$ 时,查 F 分布上侧分位数表得 $F_{0.005}(2,2)=199$。显然,所有影响因素的 F 值均大于 199,说明碳纤维掺量、碳纤维长度和砂灰比三个因素(在 0.5%的显著性水平)对电阻率影响显著,显著性影响顺序为碳纤维掺量最大,砂灰比次之,碳纤维长度最小。

根据上面试验结果及分析,碳纤维掺量在水泥质量的 0.8%~2.0%变化时,对比碳纤维混凝土电阻率的变化规律可知:当碳纤维掺量为 0.8%~1.2%

时,碳纤维混凝土导电主要依赖于隧道效应,在渗流阈值附近,电阻率随碳纤维掺量变化较平缓,在此情况下碳纤维长度和砂灰比对电阻率影响较小,在正交试验中体现为影响因素不显著;当碳纤维掺量为 1.2%~2.0%时,碳纤维在混凝土内部接近于形成完整的导电通道,在此情况下三种影响因素微小的变化即可对电阻率产生较大影响。

5.4　本章小结

本章在分析碳纤维混凝土导电机制的基础上,进行了碳纤维水泥砂浆和碳纤维混凝土中碳纤维掺量、碳纤维长度、粗骨料含量等因素对碳纤维水泥基复合材料导电性能的影响,主要结论如下:

(1)碳纤维掺量对碳纤维混凝土导电性能影响明显,当碳纤维掺量占水泥质量的 0.8%~1.2%时,碳纤维混凝土导电主要依靠隧道效应,其电阻率较大;当碳纤维掺量占水泥质量的 1.2%~2.0%时,碳纤维混凝土内部已经形成完整的导电通道,其导电性主要由碳纤维掺量所决定,电阻率较小。

(2)砂灰比对碳纤维混凝土导电性能影响比较明显,砂灰比越大,电阻率越大。建议砂灰比选择 1.0~1.5 为宜。

(3)当碳纤维掺量占水泥质量的 0.8%~1.2%时,碳纤维长度、砂灰比对碳纤维混凝土电阻率影响较小;当碳纤维掺量占水泥质量的 1.2%~2.0%时,碳纤维掺量、碳纤维长度、砂灰比对碳纤维混凝土电阻率在显著性水平 0.5%的情况下均呈现显著特性。

(4)试验范围内,当碳纤维掺量占水泥质量的 2%、砂灰比为 1.08~1.47、碳纤维长度为 9~12 mm 时,碳纤维混凝土能获得较好的导电性能。

第 6 章　碳纤维混凝土压敏性和温敏性

碳纤维混凝土作为一种具有功能特性的智能结构材料,与普通混凝土相比,不仅导电能力显著提高,还可以根据电阻率变化感知结构自身的应力变化和温度变化。利用电阻率随结构自身应力变化的压敏性,可对结构自身的应力状况和损伤程度进行实时在线监测诊断和损伤评估,还可应用于道路交通称重系统;利用电阻率随结构自身温度变化的温敏性,可实时在线监测建筑结构内部以及周围环境温度变化情况。本章主要研究碳纤维掺量对碳纤维混凝土压敏性和温敏性的影响,以期得到合适的掺量使碳纤维混凝土获得良好的压敏特性和温敏特性,为碳纤维混凝土的工程应用提供参考。

6.1　碳纤维混凝土压敏性试验研究

6.1.1　碳纤维混凝土压敏性机制

普通混凝土中由于没有碳纤维的加入,压敏性依赖于基体材料的性能,主要受水化产物、孔隙和孔隙水的影响。与同配合比的碳纤维混凝土相比,电阻率要大得多,在压力作用下,电阻率的变化主要是由于水泥基体孔隙和胶体颗粒发生变形引起的,压敏性较弱且不稳定。

碳纤维混凝土的压敏性在于其导电存在隧道效应,在压力作用下纤维间隔变小,从而纤维间的势垒变小,电子发生跃迁的概率增大,电阻率减小;同样,在拉力作用下纤维间隔变大,从而纤维间的势垒变大,电子发生跃迁的概率减小,电阻率增大。如果纤维含量太少,纤维间的间隔太大,在压力作用下,纤维间的间隔虽有所减小,但是电子仍然难以克服势垒,因此不会形成隧道效应,压敏性不敏感;如果纤维含量太多,纤维之间相当部分已经搭接,电子将沿搭接的碳纤维传导,则隧道效应减弱,压敏性同样不好。因此,要找到一个最合适的碳纤维掺量,使碳纤维在混凝土基体中均匀分散,既要被混凝土基体隔开,碳纤维之间的距离又要适中,才能获得最好的压敏性。

碳纤维混凝土的压敏性模型主要有以下三种:

(1)纤维拔插效应模型:此模型认为,纤维的插入和拔出导致了碳纤维混凝土电阻率在受压时减小,受拉时增大。碳纤维混凝土在浇筑完成后,内部就存在原始裂缝,正是因为碳纤维的存在,能够把裂缝两边连接起来,当碳纤维混凝土受压时,裂缝闭合,碳纤维插入,电阻率减小;当碳纤维混凝土受拉时,裂缝张开,碳纤维拔出,电阻率增大。

(2)导电通道模型:此模型认为,碳纤维混凝土的电阻率发生变化是由于碳纤维相互搭接形成的链状网络之间的平均距离发生变化造成的,碳纤维混凝土受压时,链状网络之间的平均距离缩短,电阻率减小;受拉时,链状网络之间的平均间距增大,电阻率增大。

(3)隧道效应模型:此模型认为,碳纤维混凝土电阻率的变化是由于相邻碳纤维之间的距离发生变化造成的,碳纤维混凝土受压时,相邻两根碳纤维之间的距离缩短,势垒减小,更多电子发生跃迁越过势垒,混凝土电阻率减小;受拉时,相邻碳纤维之间的距离增大,势垒增大,电子不易越过,导致混凝土电阻率增大。

6.1.2　碳纤维掺量对碳纤维混凝土压敏性的影响

影响碳纤维混凝土压敏性的因素很多,碳纤维的长度、掺量、水化龄期、水灰比等因素都会对其压敏性产生影响。碳纤维长度越长,越容易搭接,压敏性越差,因此碳纤维越长,最佳掺量应该减小。水化龄期不同,水泥水化的程度不一样,导致隧道效应的间隔势垒在压力作用下变化程度不同。水化龄期越短,水泥水化程度越低,水化产物越少,结构疏松,凝聚结晶物结合力弱,压力作用下容易产生变形,所以在压力作用下电阻率会明显减小;水化龄期越长,水化产物越多,凝聚结晶物结合力强,压力作用下变形相对较小,因此压敏性较差。随着水灰比的增大,导电性能减弱,压敏性变差。这是因为水灰比的增大引起水泥石孔隙率的增大,导致碳纤维混凝土电阻率增大,同时,水灰比增大,组成凝胶体的 C/S 和 H/S 降低,硅酸根的多聚物增加,使得凝胶体的变形及凝胶层间水转移困难,因此试件压敏性降低。

碳纤维掺量是影响碳纤维混凝土压敏性的最主要因素,本试验在其他条件相同的情况下,重点研究碳纤维掺量对碳纤维混凝土压敏性的影响。

6.1.3　碳纤维混凝土压敏性试验设计

本节试验基准配合比同表 4-1,所用试验原材料、试件的制备工艺和养护条件等均同第 4 章。主要试验内容见表 6-1。

表 6-1 碳纤维混凝土压敏性试验测试内容及试件特征值

序号	测试内容	试件尺寸（mm×mm×mm）	试验变量	试件总个数
1	碳纤维掺量对碳纤维混凝土压敏性的影响	压敏性试件 100×100×100	碳纤维掺量占水泥质量的 0. 3%、0. 5%、0. 9%	9 个(3 组×3 个)

采用的试验方法:万能材料试验机对试件加压,采用二电极法测试电阻,得出其在荷载作用下的电阻率变化规律,具体电阻率测试如图 6-1 所示。

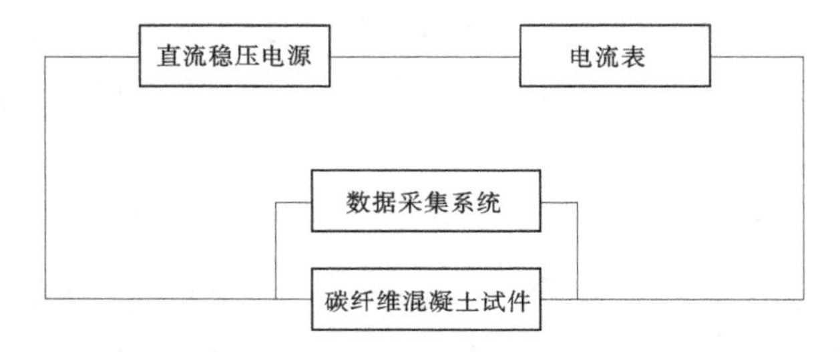

图 6-1 碳纤维混凝土压敏性测试示意图

本节用电阻变化率来表征碳纤维混凝土电阻的变化特性,计算公式如下:

$$\eta = \frac{\rho_i - \rho_0}{\rho_0} \tag{6-1}$$

式中 η——混凝土电阻变化率;

ρ_i——混凝土在一定条件下的电阻率,Ω · cm;

ρ_0——混凝土在初始条件下的电阻率,Ω · cm。

6. 1. 4 碳纤维混凝土压敏性试验结果及分析

碳纤维掺量对碳纤维混凝土压敏性影响试验结果如图 6-2 所示。

如图 6-2 可知,在不同碳纤维掺量下,电阻变化率随着荷载的增大而减小,碳纤维掺量为 0. 3%的碳纤维混凝土试件电阻率变化不明显,碳纤维掺量为 0. 5%和 0. 9%的碳纤维混凝土试件电阻率变化明显,但是 0. 5%的掺量和 0. 9%的掺量对混凝土压敏性的影响差别不大。因此,量测碳纤维混凝土压敏性时,碳纤维掺量取水泥质量的 0. 5%左右即可获得良好的效果。

根据碳纤维混凝土压敏性机制,当碳纤维掺量为 0. 3%时,单位体积混凝

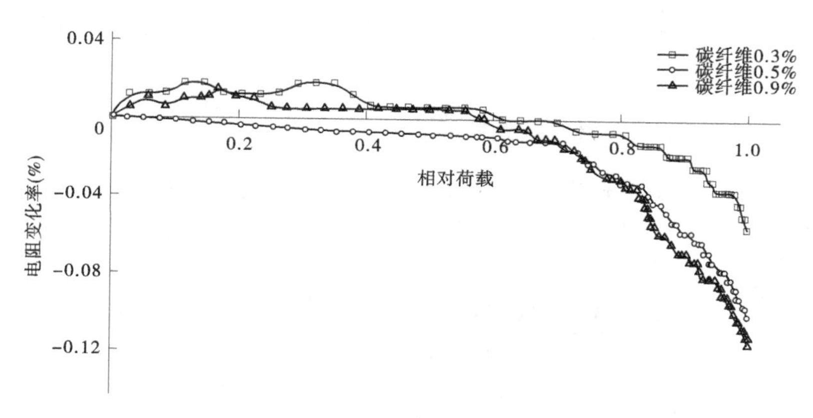

图 6-2　相对荷载与混凝土电阻变化率的关系

土内分布的碳纤维数量较少，相互搭接的碳纤维数量很少，纤维之间的距离较远，不适合前两种模型，按第三种模型考虑，在纤维之间距离较远的情况下，势垒较大，电子不容易发生跃迁，混凝土导电能力较弱，且电阻率对压力不敏感。当碳纤维掺量为 0.5%时，单位体积内的碳纤维数量增多，三种模型都适合，当碳纤维混凝土受压时，碳纤维发生插入效应，纤维形成的导电链之间的距离减小，电子容易越过势垒，因此电阻下降。当碳纤维掺量增加到 0.9%时，单位体积内的纤维更多，电阻率降低，但是碳纤维的增多对压敏性没有明显的影响。

6.2　碳纤维混凝土温敏性试验研究

碳纤维混凝土与普通混凝土相比，不仅导电能力显著提高，能感知应力变化，还可以根据电阻率变化感知结构自身温度的变化，利用碳纤维混凝土温敏特性，可实时在线监测建筑结构内部以及周围环境温度变化情况。本章将主要研究不同碳纤维掺量下碳纤维混凝土的温敏特性。

6.2.1　碳纤维混凝土温敏性机制

碳纤维混凝土内部载流子数量随着温度的变化而变化。碳纤维掺量较低时，内部未形成完整的导电通道，主要依靠空穴导电。当温度升高时，碳纤维混凝土内部的载流子不断被激发，而且载流子获得的能量也越大，更容易穿过碳纤维之间的势垒，混凝土电阻率降低；当温度降低时，碳纤维混凝土内部的载流子获得的能量较小，内部激活的载流子数量也减少，混凝土的电阻率升高。

6.2.2　碳纤维混凝土温敏性试验设计

本节试验基准配合比同表 5-2，所用试验原材料、试件的制备工艺和养护条件等均同第 4 章，碳纤维长度为 9 mm，电极尺寸统一采用 80 mm×100 mm。

主要试验内容见表 6-2。

表 6-2　碳纤维混凝土温敏性试验测试内容及试件特征值

序号	测试内容	试件尺寸（mm×mm×mm）	试验变量	试件总个数
1	碳纤维掺量对碳纤维混凝土温敏性的影响	100×100×300	碳纤维掺量为水泥质量的 0.8%、1.2%、2%	9 个（3 组×3 个）
2	单调升温、降温中碳纤维混凝土的温敏性	100×100×300		3 个（1 组×3 个）
3	循环升温、降温中碳纤维混凝土的温敏性	100×100×300		3 个（1 组×3 个）

采用的试验方法如下：

将标准养护试件取出后放入温度为 30 ℃的恒温干燥箱中 1 d，再将温度调成 20 ℃放置 1 d，保证其处于干燥状态，取出后进行温敏性试验。

将试件放入程控恒温恒湿箱内，采用四电极法测试电阻率，温度从 20 ℃均匀升温至特定温度时，恒温 30 min，观测温度变化过程中电阻率的变化情况；升温过程完成后，将试件放置于干燥箱（温度为 20 ℃）中 1 d 后取出，随后放入 DW-40 型低温测试箱内，温度从 20 ℃均匀降温至特定温度时，恒温 30 min，观察降温过程中电阻率的变化情况，如此反复量测升温、降温过程中电阻变化率。

试件温度变化与时间的关系如图 6-3 所示。

6.2.3　碳纤维混凝土温敏性试验结果及分析

6.2.3.1　碳纤维掺量对碳纤维混凝土温敏性的影响

图 6-4 所示为不同碳纤维掺量下碳纤维混凝土电阻变化率与温度的

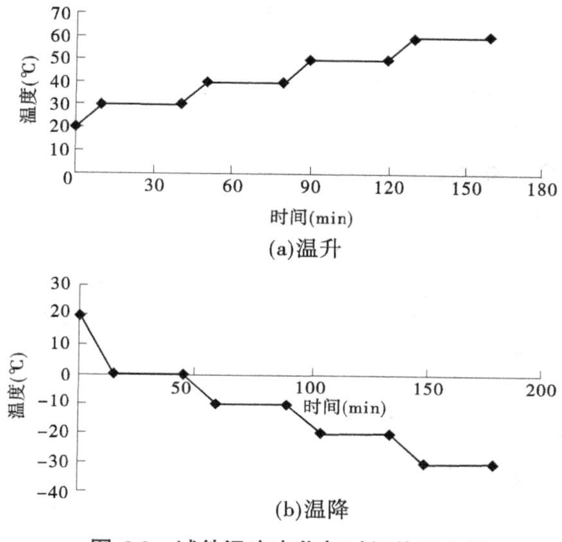

(a)温升

(b)温降

图 6-3　试件温度变化与时间关系曲线

关系。

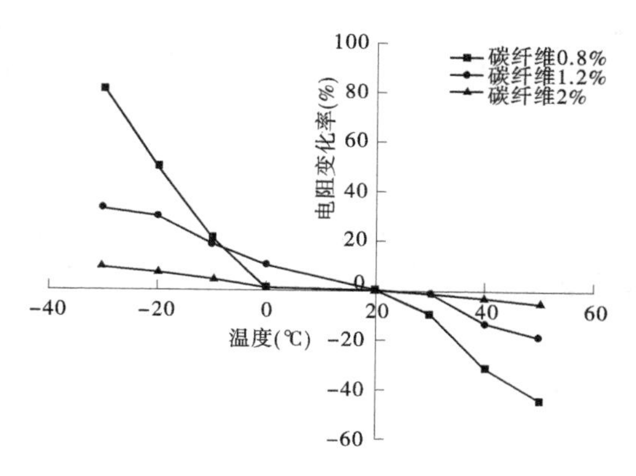

图 6-4　温度与碳纤维混凝土电阻变化率的关系

由图 6-4 可知,碳纤维混凝土电阻率随着温度的升高而降低,随着温度的下降而升高,碳纤维混凝土试件呈现出明显的温敏性;随着碳纤维掺量的增加,电阻变化率随着温度的变化趋于平缓。

为了反映混凝土对温度变化的灵敏程度,引入温度灵敏系数 α,以便量化比较不同混凝土的温敏特性,按式(6-2)计算温度灵敏系数 α。

$$\alpha = \left| \frac{\eta_i}{T_i - T_0} \right| \tag{6-2}$$

式中　α——混凝土温度灵敏系数；

η_i——试件在一定条件下电阻变化率；

T_0——试件的初始温度值,℃；

T_i——试件在一定条件下的温度值,℃。

根据试验结果,按式(6-2)计算 α 值,计算结果见表 6-3。

表 6-3　碳纤维混凝土初始电阻率和温度灵敏系数

编号	初始电阻率(Ω·cm)	温度灵敏系数	
		升温过程	降温过程
1	6 562	0.016	0.019
2	1 160	0.006	0.006
3	327	0.001	0.002

由表 6-3 可知,碳纤维掺量 0.8%的试件在升温和降温阶段均呈现较高的温度灵敏系数,碳纤维掺量 1.2%的试件次之,碳纤维掺量 2%的试件最低。

碳纤维混凝土作为一种半导体材料,其基体内的载流子浓度 n_i 可用式(6-3)表示:

$$n_i \propto e^{\frac{-\mu_0}{KT}} \tag{6-3}$$

式中　μ_0——液体中离子跃迁时要克服的平均势垒,也称禁带宽度,eV;

K——玻尔兹曼常数;

T——温度,K;

n_i——载流子浓度,cm^{-3}。

碳纤维混凝土电阻率 ρ 可用下式表示:

$$\rho = \frac{1}{n_i q \mu} \tag{6-4}$$

式中　μ——载流子的迁移率,$m^2/(s \cdot v)$;

q——载流子电荷,C;

n_i——载流子浓度,m^{-3};

ρ——碳纤维混凝土电阻率,$\Omega \cdot m$。

通过式(6-3)和式(6-4)可得载流子浓度和温度之间的关系如式(6-5)所示:

$$\rho \propto e^{\frac{\mu_0}{KT}} \tag{6-5}$$

在外界温度变化的情况下，根据式(6-1)，碳纤维混凝土电阻变化率可用下式表示：

$$\eta \propto \frac{e^{\frac{\mu_0}{KT_i}} - e^{\frac{\mu_0}{KT_0}}}{e^{\frac{\mu_0}{KT_0}}} = 1 - e^{\frac{\mu_0}{KT_0}\frac{-\Delta T}{T_i}} \tag{6-6}$$

式中　ΔT——温度差，K；

η——混凝土的电阻变化率；

T_0——试件的初始温度，K；

T_i——试件在一定条件下的温度，K；

μ_0——液体中离子跃迁时要克服的平均势垒，也称禁带宽度，eV；

K——玻尔兹曼常数。

由式(6-6)可知，在外界温度变化相同的情况下，碳纤维混凝土的电阻变化率随着禁带宽度的增大而增大。从式(6-5)可得，碳纤维混凝土的初始电阻率和禁带宽度成正比，即禁带宽度越大，碳纤维混凝土的初始电阻率就越大。本组试验结果与以上理论分析表现一致。

6.2.3.2　单调升温、降温过程对碳纤维混凝土温敏性的影响

试验结果如图 6-5 所示。

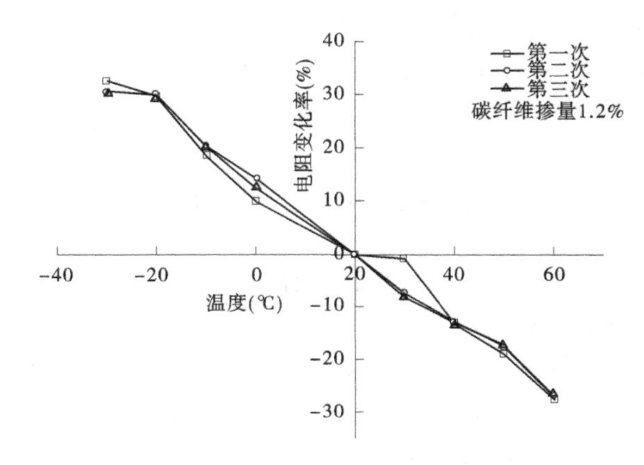

图 6-5　温度与混凝土电阻变化率的关系

由图 6-5 可知，碳纤维混凝土试件经过升温、降温过程后，温度和电阻变化率的关系曲线呈现良好的线性对应关系和可重复性。第一次与第二次、第

三次关系曲线相比,呈现出一定的波动性,这是因为在第一次升温、降温时,碳纤维混凝土内部结构复杂,不稳定因素较多导致,经过多次重复升温、降温过程后其温度和电阻变化率的关系曲线趋于一致。这也为真实呈现碳纤维混凝土温度和电阻变化率的关系提供了一种有效的方法。

6.2.3.3　循环升温、降温过程对碳纤维混凝土温敏性的影响

试验结果如图 6-6 所示。

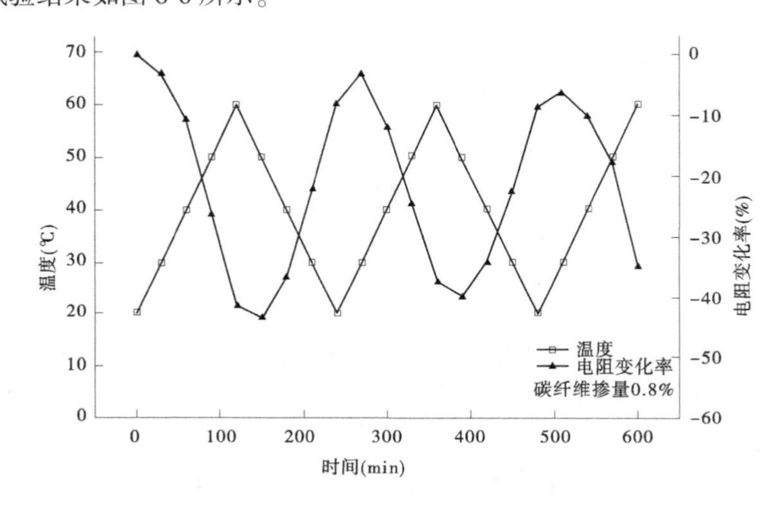

图 6-6　循环升温、降温过程中时间与温度、电阻变化率的关系

由图 6-6 可得,碳纤维混凝土进行连续循环升温、降温试验时,温度变化和电阻变化率呈现出一一对应的关系,为碳纤维混凝土作为温度传感器实施在线监测建筑物结构内部及周边环境温度变化提供了可能。

6.3　本章小结

本章针对碳纤维混凝土的压敏性和温敏性展开试验研究,主要结论如下:

(1)碳纤维混凝土具有良好的压敏性。在碳纤维掺量较小时,压敏性不明显;当碳纤维掺量达到 0.5%水泥质量时,碳纤维混凝土压敏性比较明显;当碳纤维掺量为 0.9%水泥质量时,碳纤维混凝土压敏性比掺量为 0.5%时没有明显提高。因此试验条件下,建议碳纤维掺量为水泥质量的 0.5%~0.9%,可得到良好的碳纤维混凝土压敏性。

(2)碳纤维混凝土具有良好的温敏性。在-30~60 ℃时,碳纤维混凝土电阻率随着温度的升高而降低,随着温度的降低而升高,呈现出负温度系数效

应，相比于碳纤维掺量1.2%和掺量2.0%的情况，碳纤维掺量0.8%的试件在升温和降温阶段均呈现较高的温度灵敏系数，且表现出较好的稳定性和可重复性，可作为温度传感器在线监测建筑物及周边环境的温度变化。

第 7 章　纳米导电材料改性碳纤维混凝土压敏性和温敏性

近年来,国内外学者将碳纤维、钢纤维、玻璃纤维、聚丙烯纤维、尼龙纤维等两两互掺或多项复掺用于提高混凝土的力学性能、导电性能和耐久性能,取得了较好的效果。同时,随着各种纳米材料的出现,有学者也开始尝试在碳纤维混凝土中掺加纳米材料,如纳米碳黑、纳米硅粉、碳纳米管等来提高混凝土的性能。纳米材料更容易扩散到混凝土的各个部分,发挥更好的填充作用。其中一些导电纳米材料与碳纤维共同掺入混凝土中,可能会形成更好的导电通道。目前对于纳米导电材料掺入碳纤维混凝土形成的复相导电混凝土的导电特性研究较少。因此,为了强化碳纤维混凝土的压敏特性、温敏特性,本章就掺入纳米碳纤维和纳米碳黑这两种纳米导电材料对碳纤维混凝土压敏性和温敏性的影响进行了试验研究。

7.1　试验设计

本章主要研究纳米导电材料的掺加对碳纤维混凝土压敏性和温敏性的影响,试验基准配合比、所用试验原材料、试件参数、试件制备工艺和养护条件等均同第 3 章 3.2 节。主要试验内容见表 7-1,试验方法同第 6 章 6.1 节。

表 7-1　压敏性、温敏性试验内容及试件特征值

序号	测试内容	试件尺寸(mm×mm×mm)	试验变量	试件总个数
1	掺加纳米导电材料对碳纤维混凝土压敏性的影响	100×100×300	掺量占水泥质量:纳米碳纤维 0.2%、0.4%、0.6%;纳米碳黑 0.2%、0.4%、0.6%、0.8%	45 个(15 组×3 个)
2	湿度对掺加纳米导电材料的碳纤维混凝土压敏性的影响	100×100×300	潮湿环境、干燥环境	6 个(2 组×3 个)

续表 7-1

序号	测试内容	试件尺寸（mm×mm×mm）	试验变量	试件总个数
3	加载速率对掺加纳米导电材料的碳纤维混凝土压敏性的影响	100×100×300	加载速率：2 kN/s、4 kN/s	3 个（1 组×3 个）
4	等幅循环荷载下掺加纳米导电材料的碳纤维混凝土压敏性	100×100×300		3 个（1 组×3 个）
5	掺加纳米导电材料对碳纤维混凝土温敏性的影响	100×100×300	纳米碳纤维 0.6%，纳米碳黑 0.8%	6 个（2 组×3 个）

注：1. 干燥环境：指将养护好的试件在 30 ℃恒温干燥箱中放置 1 d，再将温度调成 20 ℃放置 1 d，取出后进行试验；潮湿环境：指将养护好的试件在温度 20 ℃、湿度为 98%的环境中放置 1 d，取出将表面水分擦干后进行试验。

2. 序号 1、3、4、5 的压敏性和温敏性试验都在干燥环境中进行，序号 2 的压敏性试验在干燥环境和潮湿环境中进行。

7.2　纳米导电材料对碳纤维混凝土压敏性的影响

7.2.1　纳米导电材料类型对碳纤维混凝土压敏性的影响

试件为碳纤维混凝土中分别掺加纳米碳纤维（掺量占水泥质量的 0.2%、0.4%、0.6%）、纳米碳黑（掺量占水泥质量的 0.2%、0.4%、0.6%、0.8%），标准养护 28 d 后，将试件在 30 ℃恒温干燥箱中放置 1 d，再将温度调成 20 ℃放置 1 d，保证其处于干燥状态，取出后进行压敏性试验（加载范围 0~50 kN，加载速率 2 kN/s，通电 30 min），研究微细导电材料的掺加对混凝土压敏性的影响。

7.2.1.1　纳米碳纤维对碳纤维混凝土压敏性的影响

试验结果如图 7-1 和图 7-2 所示。

由图 7-1 可知，纳米碳纤维掺量在 0~0.6%时，随着荷载的增加，混凝土

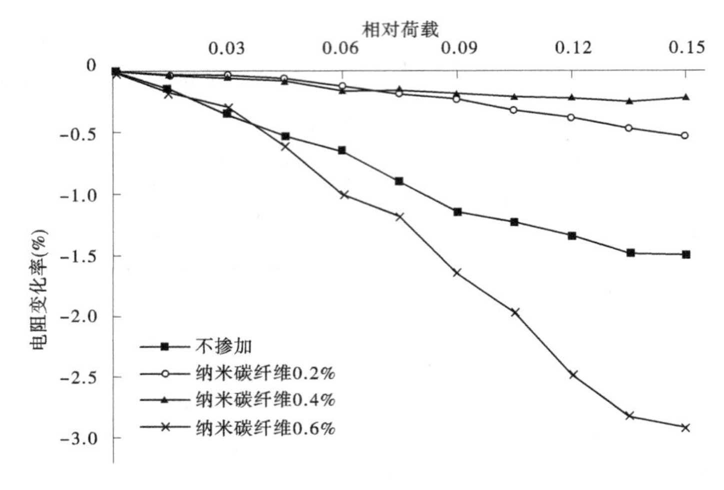

图 7-1　相对荷载与混凝土电阻变化率的关系

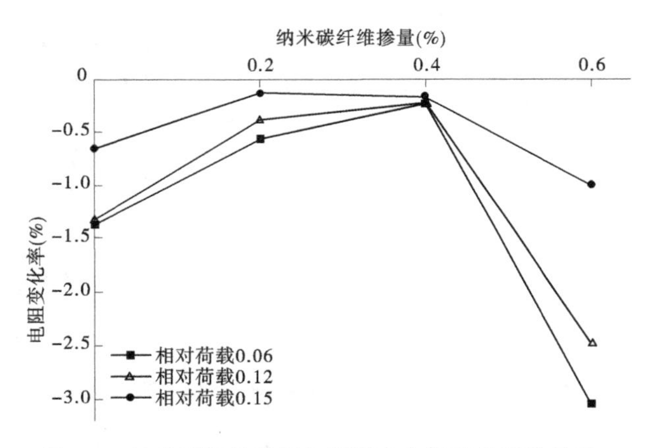

图 7-2　纳米碳纤维掺量与混凝土电阻变化率的关系

电阻变化率接近线性降低,表明电阻率变化与荷载变化具有良好的对应关系,即在本试验条件下,掺加纳米碳纤维的碳纤维混凝土具有良好的压敏性,因此可用电阻率的变化表征混凝土受力的变化。

由图 7-2 可知,随纳米碳纤维掺量的增加,混凝土电阻变化率呈现先增加后减小的趋势。

掺入纳米碳纤维,可增强混凝土内部的搭接导电。纳米碳纤维掺量过少时,其在混凝土内分散不均匀,碳纤维—纳米碳纤维—碳纤维搭接导电作用微乎其微,反而由于接触而产生了接触电阻,所以纳米碳纤维掺量低时表现为混凝土电阻率增大；当纳米碳纤维掺量增大到 0.6%时，在压力作用下，纳米碳纤维与碳纤维间距减小甚至互相接触，形成新的导电通路，且能增强隧道效应，增大隧穿电流，此时，碳纤维—纳米碳纤维—碳纤维搭接导电的正面影响大于接触电阻产生的负面影响，故导致混凝土电阻率突然减小。所以，纳米碳纤维掺量为水泥质量的 0.6%时，混凝土有较好的压敏性。

7.2.1.2　纳米碳黑对碳纤维混凝土压敏性的影响

试验结果如图 7-3 和图 7-4 所示。

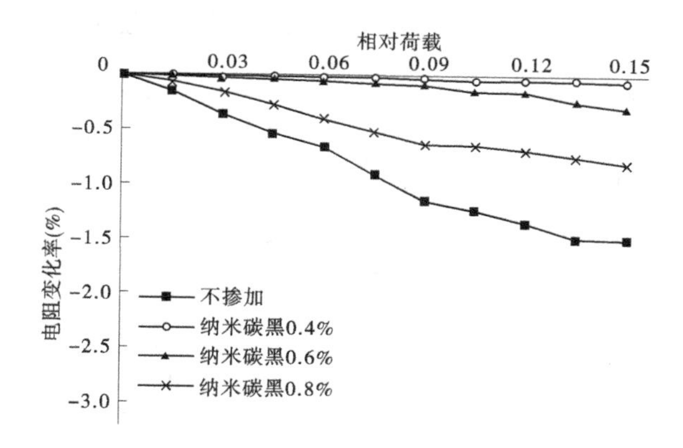

图 7-3　相对荷载与混凝土电阻变化率的关系

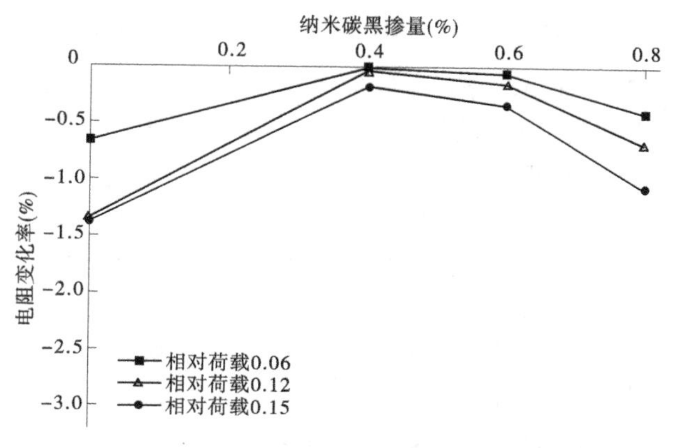

图 7-4　纳米碳黑掺量与混凝土电阻变化率的关系

由图 7-3 可知，纳米碳黑掺量在 0~0.8%时，随着荷载的增大，混凝土的电阻变化率也接近于线性降低，表明混凝土电阻率变化与荷载变化具有良好的对应关系，故可用电阻率的变化表征混凝土受力的变化。

由图 7-4 可知,与掺加纳米碳纤维情况类似,随纳米碳黑掺量的增加,混凝土电阻变化率呈现先增大后减小的趋势。但由于纳米碳黑颗粒更小,需要更大的掺量,才能与碳纤维形成导电通路。荷载作用下,掺加纳米碳黑的碳纤维混凝土电阻变化率绝对值低于碳纤维混凝土,故在掺量为 0~0.8%时的纳米碳黑对碳纤维混凝土压敏性的提高不明显。

7.2.1.3 纳米导电材料的选择

根据上述试验结果,对比分别掺加纳米碳纤维(掺量占水泥质量的 0.6%)、纳米碳黑(掺量占水泥质量的 0.8%)的碳纤维混凝土在荷载作用下电阻率变化情况,见图 7-5。

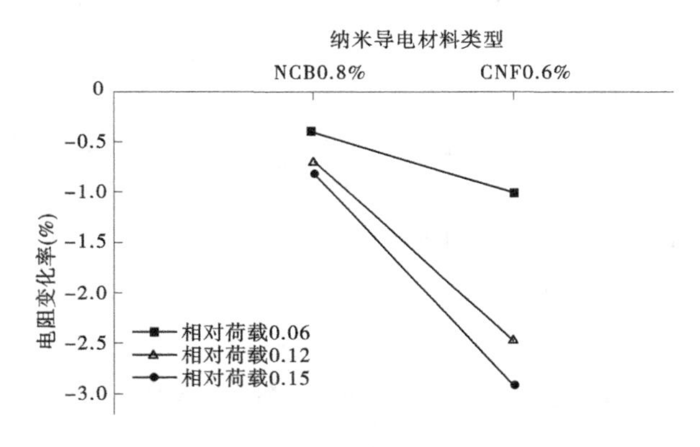

图 7-5　纳米导电材料类型与混凝土电阻变化率的关系

由图 7-5 可知,在荷载作用下,掺加纳米导电材料的碳纤维混凝土随着荷载的增加,其电阻变化率绝对值越大。对比这两种材料,掺加 0.6%纳米碳纤维的碳纤维混凝土具有更好的压敏性。

试验结果分析:碳纤维混凝土内部存在以下三种主要的导电形式:①碳纤维相互之间搭接形成的导电通路;②混凝土内部存在的 Ca^{2+}、Na^{+}、SO_4^{2-}、OH^{-} 等离子导电;③小间距内碳纤维的隧道效应。随着碳纤维掺量的不同,内部存在的主要导电形式也随之变化,在较小掺量时,碳纤维混凝土的导电形式主要是第二种、第三种,在混凝土经过 28 d 养护、烘干后,碳纤维混凝土的主要导电形式是第三种;在较大掺量时,碳纤维混凝土的导电形式主要是第一种。

本试验采用的碳纤维掺量为水泥质量的 0.4%,掺量较小,混凝土经养护、烘干后,内部存在的主要导电形式为第三种。

将纳米碳纤维添加到碳纤维混凝土中,随着掺量的增加(0~0.6%掺量),混凝土电阻率经过了先增大后减小的过程,这是因为纳米碳纤维体积小,纳米碳纤维少量掺加后，部分纳米碳纤维分散于混凝土中使混凝土更加密实，增加了碳纤维之间电子跃迁的难度，部分纳米碳纤维分散于大间距的碳纤维之间，组成了新的电子跃迁的通道，从而导致混凝土电阻率的增大；但随着纳米碳纤维掺量的增加，纳米碳纤维作为良好的导电材料，在混凝土内部分布的范围和占据的空间不断增加，与部分碳纤维形成了搭接通路，形成了更好的导电通路，使混凝土的电阻率降低。将纳米碳黑掺加到碳纤维混凝土中，混凝土电阻率也随着掺量呈现先增大后减小的趋势（0~0.8%掺量），与纳米碳纤维比较相似，但由于纳米碳黑呈粉末状，颗粒较纳米碳纤维更小，与纳米碳纤维的长径比（50~200）相比，纳米碳黑需要更大的掺量来与碳纤维形成更好的导电通路，使混凝土的电阻率降低。

对比掺加不同微细导电材料的碳纤维混凝土可知，掺加纳米碳纤维的碳纤维混凝土在荷载（0~50 kN）作用下，掺量为0.6%时其压敏特性是最好的。纳米碳纤维相对于纳米碳黑，纤维长径比较大，处于小间距碳纤维之间，在荷载作用下，部分小间距碳纤维更容易形成碳纤维—纳米碳纤维—碳纤维的搭接形式，电阻率变化明显，表现出的压敏特性优于碳纤维混凝土。

7.2.2　湿度对掺加纳米导电材料的碳纤维混凝土压敏性的影响

试件为分别掺加纳米碳纤维（掺量占水泥质量的0.6%）、纳米碳黑（掺量占水泥质量的0.8%）的碳纤维混凝土，标准养护28 d后，将试件放在潮湿环境（温度为20 ℃、湿度为98%）中放置1 d后，取出将表面水分擦干，进行压敏性试验（加载范围0~50 kN，加载速率2 kN/s，通电30 min），研究湿度对混凝土压敏性的影响。

潮湿环境指试件含水率在1%左右。试验结果见图7-6和图7-7。

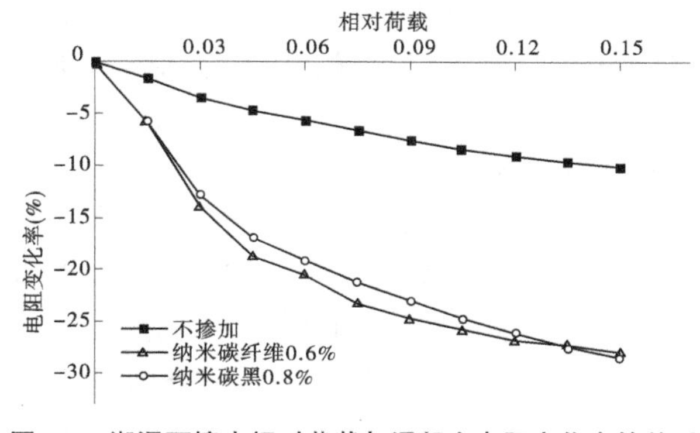

图7-6　潮湿环境中相对荷载与混凝土电阻变化率的关系

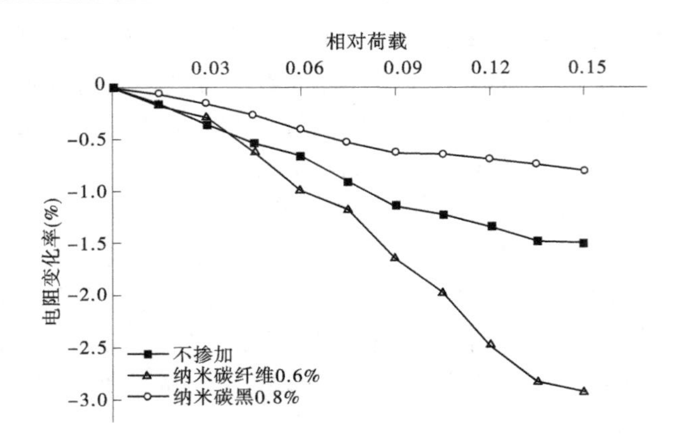

图 7-7　干燥环境中相对荷载与混凝土电阻变化率的关系

由图 7-6 和图 7-7 可得：

(1) 在荷载作用下，掺加和不掺加纳米导电材料的碳纤维混凝土在潮湿环境中的电阻变化率绝对值均高于干燥环境中的电阻变化率绝对值。潮湿环境下，不掺加纳米导电材料的碳纤维混凝土在荷载作用下电阻变化率绝对值达到 10%。

(2) 在碳纤维混凝土中掺加纳米导电材料，随着掺量增加，电阻变化率绝对值增大。由图 7-6 可知，在潮湿环境中，掺加 0.6%纳米碳纤维的碳纤维混凝土与掺加 0.8%纳米碳黑的碳纤维混凝土具有相似的压敏特性，混凝土电阻变化率绝对值达到 28%。

(3) 由图 7-7 可知，在干燥环境中，掺加 0.6%纳米碳纤维的碳纤维混凝土比掺加 0.8%纳米碳黑的碳纤维混凝土具有更好的压敏特性。

混凝土是一种由固、气、液组成的多孔体系，内部存在大量的孔隙。较长时间处于潮湿环境中，水分逐渐渗透到混凝土内部孔隙。取出试件擦干后测量，只能擦去混凝土表面的水分，内部仍存在大量自由水，此时混凝土内部存在离子导电和隧道导电两种导电形式。两端加电压后，水中的导电离子在电场作用下做定向移动，导致电流增大，所以潮湿环境中测得的混凝土电阻率较小。随着荷载的增加，混凝土内部孔隙中的水分受到挤压而在内部流动，加快了离子在混凝土中的移动速度，所以混凝土总体表现出比干燥环境中更好的压敏性。

7.2.3 加载速率对掺加纳米导电材料的碳纤维混凝土压敏性的影响

试件为纳米碳纤维掺量占水泥质量0.6%的碳纤维混凝土，标准养护28 d后，将试件在30 ℃恒温干燥箱中放置1 d，再将温度调成20 ℃放置1 d，保证其处于干燥状态，取加载速率分别为2 kN/s、4 kN/s，进行压敏性试验（加载范围0~50 kN，通电30 min），研究加载速率对混凝土压敏性的影响。试验结果见图7-8~图7-10。

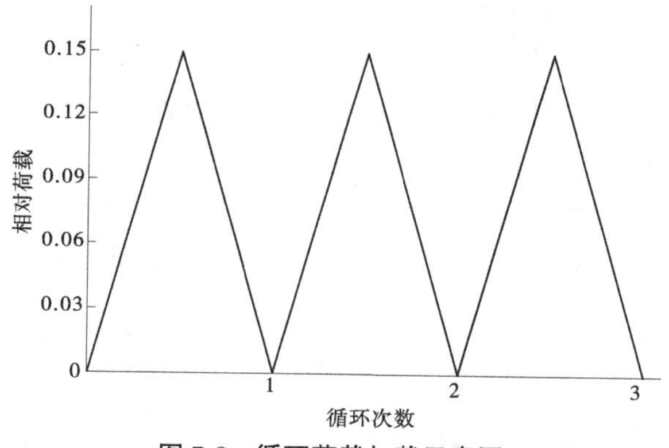

图7-8 循环荷载加载示意图

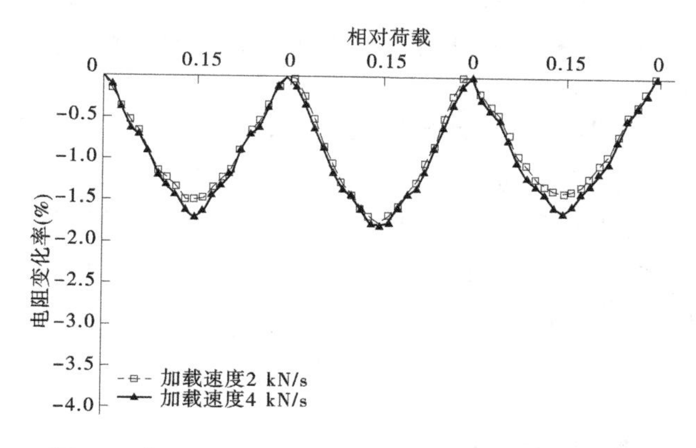

图7-9 相对荷载与碳纤维混凝土电阻变化率的关系
（未掺加纳米导电材料）

将图7-9与图7-10对比可得到，随着加载速率的变化，掺加纳米碳纤维

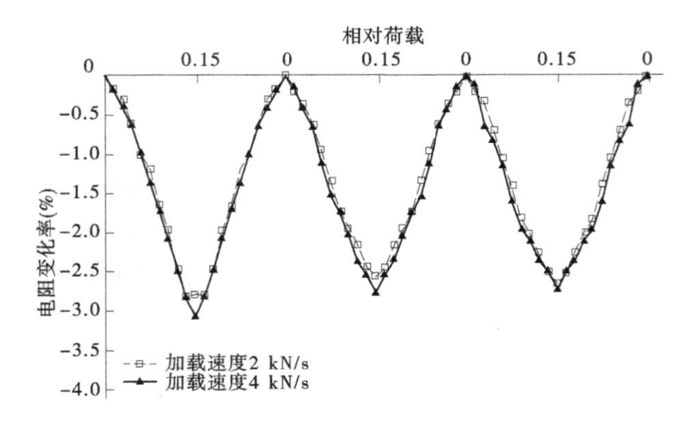

图 7-10　相对荷载与碳纤维混凝土电阻变化率的关系
(掺加 0.6%纳米碳纤维)

和未掺加纳米导电材料的碳纤维混凝土电阻变化率基本保持不变。为了更好地观察电阻率的变化情况,故在本压敏性试验中选取加载速率为 2 kN/s。

7.2.4　等幅循环荷载下掺加纳米导电材料的碳纤维混凝土压敏性

试件为纳米碳纤维掺量占水泥质量 0.6%的碳纤维混凝土,标准养护 28 d 后,将试件在 30 ℃恒温干燥箱中放置 1 d,再将温度调成 20 ℃放置 1 d,保证其处于干燥状态,取加载速率均为 2 kN/s,按图 7-8 进行循环加载(加载范围 0~50 kN,通电 30 min),研究循环荷载下混凝土的压敏性。试验结果见图 7-11~图 7-14。

由图 7-11~图 7-14 可知,加载速率在 2 kN/s 条件下,在循环荷载过程中,应变和电阻变化率呈现较好的对应关系,掺加和未掺加纳米导电材料的碳纤维混凝土电阻变化率绝对值都随着荷载的增加而增大,随着荷载的减小而减小。

为反映混凝土电阻变化率对荷载变化的灵敏程度,根据下式计算应变灵敏系数 β,以便量化比较不同混凝土的压敏特性。

$$\beta = \left| \frac{\eta_i}{u_i - u_0} \right| \tag{7-1}$$

式中　β——混凝土应变灵敏系数;

η_i——试件在一定条件下电阻变化率;

u_i——试件的初始应变值,με;

u_0——试件在一定条件下的应变值,με。

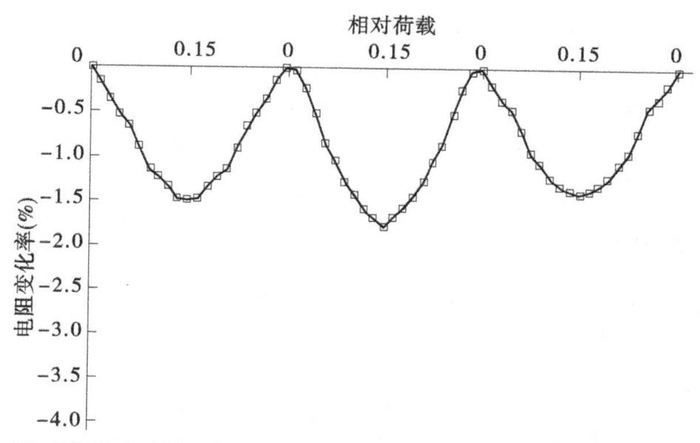

图 7-11　相对荷载与碳纤维混凝土电阻变化率的关系(未掺加纳米导电材料)

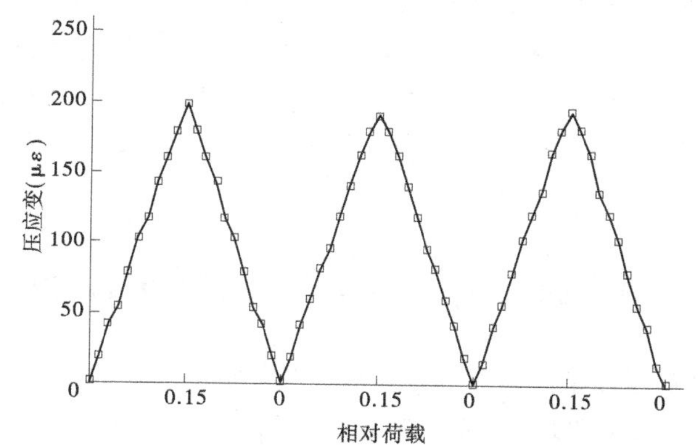

图 7-12　碳纤维混凝土的相对荷载—压应变关系曲线(未掺加纳米导电材料)

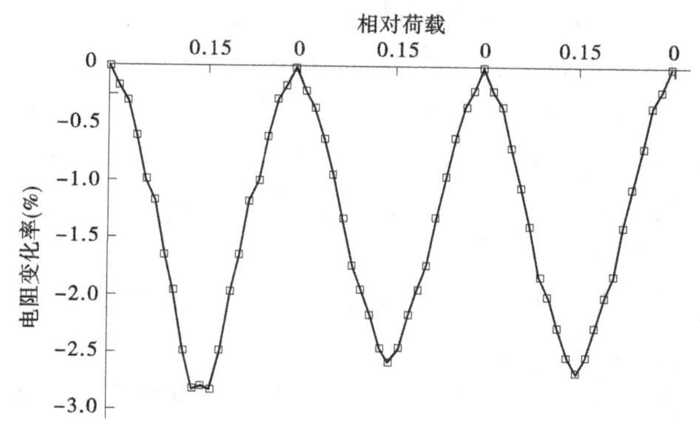

图 7-13　相对荷载与碳纤维混凝土电阻变化率的关系(掺加 0.6%纳米碳纤维)

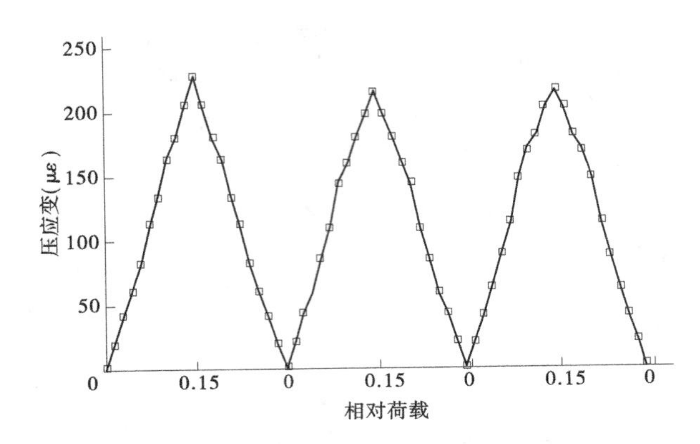

图 7-14　碳纤维混凝土的相对荷载—压应变关系曲线(掺加 0.6%纳米碳纤维)

由式(7-1)计算灵敏系数 β，可得低碳纤维掺量(掺量占水泥质量的 0.4%)下碳纤维混凝土压力灵敏系数为 0.063，掺加纳米碳纤维的碳纤维混凝土灵敏系数为 0.135，可见掺加 0.6%纳米碳纤维会使碳纤维混凝土获得更好的压敏特性。

7.3　纳米导电材料对碳纤维混凝土温敏性的影响

试件为分别掺加纳米碳纤维(掺量占水泥质量的 0.6%)、纳米碳黑(掺量占水泥质量的 0.8%)的碳纤维混凝土，标准养护 28 d 后，放置于程控恒温恒湿箱(升温)和低温测试箱(降温)进行试验，采用四电极法来进行电阻率测试(直流电压 10 V)。具体试验方法同第 6 章 6.2 节。

对试件进行两次升温、降温试验，结果见图 7-15。

由图 7-15 可知：

(1)低碳纤维掺量(掺量占水泥质量的 0.4%)下的碳纤维混凝土电阻率随着温度的升高而降低，随着温度的降低而升高，电阻变化率在 28%左右，表现出了良好的温敏特性。

(2)掺加纳米导电材料的碳纤维混凝土电阻率随着温度的升高而降低，与碳纤维混凝土具有相同的规律性。

(3)掺加纳米导电材料后，碳纤维混凝土温敏特性更好。降温过程(-20~20 ℃)中，掺加纳米碳纤维的碳纤维混凝土电阻变化率在 40%左右，掺加纳米碳黑的碳纤维混凝土电阻变化率在 68%左右；升温过程(20~50 ℃)中，掺加纳米碳纤维的混凝土电阻变化率绝对值在 36%左右，掺加纳米碳黑

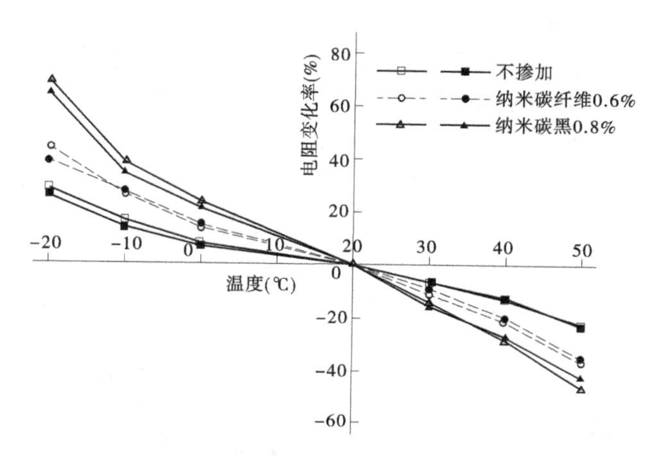

图 7-15　温度与混凝土电阻变化率的关系

的碳纤维混凝土电阻变化率绝对值在 46% 左右。掺加纳米碳黑的碳纤维混凝土具有更好的温阻特性。

(4)在二次升温、降温过程中试件表现出良好的可重复性。

为了反映混凝土对温度变化的灵敏程度,根据下式计算温度灵敏系数 α,以便量化比较不同混凝土的温阻特性。

$$\alpha = \left| \frac{\eta_i}{T_i - T_0} \right| \tag{7-2}$$

式中　α——混凝土温度灵敏系数;

η_i——试件在一定条件下电阻变化率;

T_0——试件的初始温度值,℃;

T_i——试件在一定条件下的温度值,℃。

由式(7-2)计算混凝土温度灵敏系数 α,具体见表 7-2。

表 7-2　试件的温度灵敏系数

编号	温度灵敏系数(第一次)		温度灵敏系数(第二次)	
	升温过程	降温过程	升温过程	降温过程
Ⅱ-1	0.007 4	0.007	0.007 6	0.006 4
Ⅱ-2	0.012 2	0.010 9	0.011 6	0.009 8
Ⅱ-3	0.015 4	0.017 1	0.014 2	0.016

由表 7-2 可知,掺加纳米碳纤维、纳米碳黑的碳纤维混凝土在升温阶段和降温阶段的灵敏系数与温度呈现较好的线性关系,掺加纳米碳黑的碳纤维混

凝土在升温阶段和降温阶段呈现出更好的温敏性，尤其在降温阶段，灵敏系数较大，达到 0.017 1，是未掺加纳米导电材料的碳纤维混凝土灵敏系数的 2 倍，而未掺加纳米导电材料的碳纤维混凝土温度灵敏系数最低。从温阻特性来看，掺加 0.8%纳米碳黑能使碳纤维混凝土呈现更好的温敏特性。

7.4　本章小结

本章主要研究了掺加纳米碳纤维和纳米碳黑这两种纳米导电材料对碳纤维混凝土压敏性和温敏性的影响，主要结论如下：

(1) 研究纳米碳纤维、纳米碳黑这两种纳米材料掺加到碳纤维混凝土中压敏特性的变化：加载速率对掺加和未掺加纳米导电材料的碳纤维混凝土压敏特性影响不大；随着纳米导电材料掺量的增加，荷载作用下的电阻变化率绝对值呈现先减小后增大的趋势，掺加 0.6%纳米碳纤维的碳纤维混凝土具有更好的压敏性。

(2) 对比分别掺加纳米碳纤维、纳米碳黑的碳纤维混凝土在潮湿环境下压敏特性变化情况：掺加和未掺加纳米导电材料的碳纤维混凝土电阻率在潮湿环境下是降低的；在潮湿环境中，掺加和未掺加纳米导电材料的碳纤维混凝土在荷载作用下的电阻变化率绝对值都呈现增大的趋势，其中掺加 0.6%纳米碳纤维的碳纤维混凝土具有更好的压敏性。

(3) 在温度变化过程（-20～50 ℃）中，掺加和未掺加纳米导电材料的碳纤维混凝土电阻率都随着温度升高而降低，随着温度的降低而增高；掺加纳米导电材料的碳纤维混凝土表现出的温敏特性要明显优于碳纤维混凝土，其中掺加 0.8%纳米碳黑的碳纤维混凝土具有更好的温敏性。

(4) 掺加 0.6%纳米碳纤维的碳纤维混凝土在荷载作用下电阻变化率比碳纤维混凝土要显著得多，但在潮湿环境中和温度变化条件下的电阻变化率与碳纤维混凝土基本一样，从导电特性来说，掺加纳米碳纤维的碳纤维混凝土适用于监测干燥条件下建筑物的受力变化情况。但由于现阶段纳米碳纤维制作成本较高，导致混凝土造价较高，建议在重要的结构位置中使用。

第 8 章　钢渣微粉改性碳纤维混凝土电热性能

冬季路面常会积雪结冰，给人们生活和公共交通安全造成了严重的影响。由于碳纤维混凝土强度高、电阻率低等优良特性，可将其应用到路面中，使混凝土在外电场作用下将电能转化为热能，提高混凝土自身温度，从而达到融雪化冰的效果。这种方法具有环保、对路面无侵蚀的优点。但由于碳纤维价格较高，影响了碳纤维混凝土的推广使用，而价格低廉、取材方便的钢渣微粉可以作为导电相代替部分碳纤维，以达到降低成本的目的。本章将通过试验研究钢渣微粉的掺加对碳纤维混凝土导电特性的影响，得到最优钢渣微粉掺量，以此参数配置钢渣微粉改性碳纤维混凝土板，并研究不同工况、不同电极布置下钢渣微粉改性碳纤维混凝土板的升温效果。

8.1　钢渣微粉改性碳纤维混凝土导电效应和电热效应

电热效应是指导体在绝热条件下，当接通外加电源时，其内部产生电流而使自身温度变化的现象。

普通混凝土是一种非良导体。在完全干燥状态下，普通混凝土电阻率很大($10^9 \sim 10^{11}$ Ω · cm)；在完全湿润状态下，普通混凝土电阻率较小($10^3 \sim 10^5$ Ω · cm)。由于干燥状态与湿润状态的混凝土的电阻率变化过大，所以普通混凝土的导电性能很不稳定。

为了减小混凝土的电阻率，并使其具有稳定的导电性，需要在混凝土中掺加导电相材料。掺加的导电相材料按其外形特征可以分为纤维状和粉末状，其中纤维状导电相材料主要有钢纤维、石棉纤维和碳纤维等；粉末状导电相材料主要有石墨粉、钢屑、钢渣和碳粉等。由于导电相材料的掺入，混凝土的导电性得到了很大的提高，利用这种良好的导电性，除可以使混凝土结构具有自感应、自适应、自修复功能外，还可以使混凝土结构具有自发热等功能，从而使混凝土在建筑地面采暖、路面融雪化冰等领域发挥重要作用。混凝土的自发热功能即混凝土的电热效应。

根据导电相材料对混凝土导电性影响的研究，导电填料对混凝土导电性增强主要有三种理论：导电网络理论、隧道效应理论和电场发射理论。导电网络理论是将导电体看作彼此独立的颗粒，而且规则、均匀地分布于聚合物基体中。当导电体颗粒直接接触或间隙很小时，导电粒子相互连接，在外电场作用下可以形成通道电流，电子通过粒子链完成定向移动产生导电现象。隧道效应理论认为聚合物基复合材料中一部分导电微粒相互接触而形成链状导电网络，另一部分则以孤立粒子或小聚集体形式分布于绝缘的聚合物基体中。由于导电粒子之间存在内部电场，当孤立粒子或小聚焦之间相距较近时，只被很薄的聚合物薄层（10 nm 左右）隔开，由热震动激活的电子就能越过聚合物薄层界面所形成的势垒跃迁到邻近导电微粒上形成较大的隧道电流，此即为隧道效应。

碳纤维混凝土中的碳纤维丝之间形成一种搭接，从而为导电电子提供通路，而没有形成搭接状态的电子是通过电子的跃迁来实现电子流动的。钢渣微粉中的各种导电粒子分布于碳纤维混凝土中，使碳纤维混凝土中原本不连通的区域连通了，使原本不能跃迁的距离缩小了，为碳纤维混凝土中的电子提供了更加宽广的通道，有利于电子能够顺利地流通，提高了碳纤维混凝土的导电性。

碳纤维混凝土在导电性方面表现出了优越性，但碳纤维混凝土用于融雪化冰时，其成本价格为等体积的普通混凝土价格的 5~6 倍。而钢渣微粉是炼钢过程中的废弃物，铁的氧化物的含量在 18%~30%，因此在混凝土中添加廉价的钢渣微粉（市场价为每吨 400 元），可以提高混凝土的导电性和热电效应。

8.2 钢渣微粉改性碳纤维混凝土电热性能试验设计

本章主要研究钢渣微粉改性碳纤维混凝土导电性能和热电性能。主要试验内容有：

（1）用钢渣微粉替代部分碳纤维，研究钢渣微粉和碳纤维耦合作用对混凝土电阻的影响，得到导电性能优良的混凝土配合比。

（2）研究电极形态、内层电极长度对钢渣微粉改性碳纤维混凝土板表面升温的影响，得到电热效应良好的碳纤维混凝土板的设计参数。

（3）研究混凝土板分别在烘干、水饱和状态和隔热、不隔热状态下的升温情况，以及在不同的温度下混凝土板的升温与时间的关系。

8.2.1　试验参数选择

8.2.1.1　碳纤维的体积率与钢渣微粉掺量

根据前几章研究成果，取碳纤维掺量分别为水泥质量的 2%、1.9%、1.8%，相应碳纤维的体积率分别为 0.61%、0.58%、0.55%。

为了实现减小碳纤维体积率的目的，以基准配合比为基础，对钢渣微粉掺量进行如下配置：碳纤维掺量为水泥质量的 2%时，钢渣微粉掺量取 0；碳纤维掺量为水泥质量的 1.9%时，钢渣微粉掺量分别取水泥质量的 0、10%、20%、30%和 40%；碳纤维掺量为水泥质量的 1.8%时，钢渣微粉掺量分别取水泥质量的 0、10%、20%、30%、40%和 60%。

8.2.1.2　试验龄期

钢渣微粉改性碳纤维混凝土抗压强度的测量在养护 28 d 后进行。试验方法同第 3 章 3.2 节。

钢渣微粉改性碳纤维混凝土电阻率的测量龄期分别取为 0、3 d、7 d、14 d、28 d、35 d、42 d 和 49 d 等，尽量对混凝土电阻率进行长期测量。

8.2.1.3　试件尺寸

结合前几章研究，选取的碳纤维混凝土试件尺寸如下：量测混凝土电阻率的试件尺寸取 100 mm×100 mm×300 mm，量测混凝土的电热性能的试件尺寸取 300 mm×300 mm×50 mm，研究混凝土的发热效果的试件尺寸取 300 mm×300 mm×50 mm。

8.2.1.4　电极布置

电极均采用不锈钢网片，网径为 5.5 mm。

(1)测量电阻率试件电极尺寸同第 4 章。

(2)混凝土板升温试验采用的电极尺寸：闭合圆环形电极外环取 879 mm×40 mm，半径为 140 mm，内环半径分别取 0、35 mm 和 70 mm；闭合方环形电极外环尺寸取 1 120 mm×40 mm，边长为 280 mm，内环方框边长分别取 0、70 mm 和 140 mm；两端式直电极每根电极尺寸取 280 mm×40 mm。尺寸中为 0 的电极均使用同等材质的钢钉。三种不同形状电极具体布置见图 8-1。

8.2.1.5　钢渣微粉改性碳纤维混凝土强度、电阻率及稳定性要求

混凝土应有一定的性能要求，碳纤维混凝土也不例外。碳纤维混凝土应用于实际工程必定要满足一定的工作性能和受力性能。

对电阻率而言，由于不同电阻率的水泥基复合材料的应用场合不一样，选择也不一样，其具体情况见表 8-1。由表 8-1 可知，碳纤维混凝土要成为一种

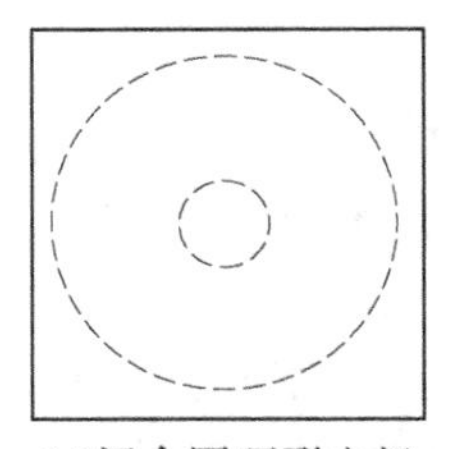
(a)闭合圆环形电极

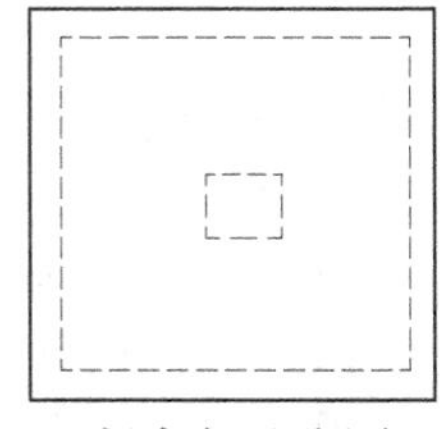
(b)闭合方环形电极

(c)两端式直电极

注:实线为混凝土板的外轮廓线,虚线为埋设在混凝土板内的电极。

图 8-1 钢渣微粉改性碳纤维混凝土板的电极布置平面图

电阻发热体,其体积电阻率应达到的范围为 $10^1 \sim 10^2$ Ω · cm。

表 8-1 水泥基复合导电材料的分类、组成和应用

体积电阻率(Ω · cm)	功能	用途
$10^7 \sim 10^{10}$	半导体材料	防静电晕纸、家用电器等
$10^4 \sim 10^7$	防静电、除静电材料	纤维织物、导电轮胎、地毯等
$10^2 \sim 10^4$	导电材料	电路元件、电缆半导层等
$10^1 \sim 10^2$	电阻体、电极材料	面状发热体、传感电极等
$10^{-2} \sim 10^0$	高导电材料	传导或电磁隐身材料

为了充分利用并实时控制钢渣微粉改性碳纤维混凝土的电热效应,在正常的使用环境下,要求温度、湿度、电压等因素对电阻率的影响应不大,即要求混凝土电阻率在应用环境中具有稳定性。

8.2.2 钢渣微粉改性碳纤维混凝土电热试验内容及研究方法

第 3 章 3.2 节中,对碳纤维掺量为水泥质量的 0.4%的低掺量碳纤维混凝土进行掺加钢渣微粉(钢渣微粉掺量不大于水泥质量的 20%)后的力学性能试验。本章由于碳纤维掺量为水泥质量的 2%左右,且钢渣微粉掺量达到水泥质量的 40%~60%,在研究钢渣微粉改性碳纤维混凝土电热性能时,也进行了相应配合比的钢渣微粉改性碳纤维混凝土基本力学试验。

主要试验内容见表 8-2。

表 8-2　钢渣微粉改性碳纤维混凝土电热试验内容及试件特征值

序号	测试内容	试件尺寸（mm×mm×mm）	试验变量	试件总个数
1	钢渣微粉掺量对碳纤维混凝土抗压强度的影响	100×100×100	钢渣微粉掺量为水泥质量的 10%、20%、30%、40%、50%、60%	33 个（11 组×3 个）
2	钢渣微粉掺量对碳纤维混凝土电阻率的影响	100×100×300	钢渣微粉掺量为水泥质量的 10%、20%、30%、40%	12 个（4 组×3 个）
3	含水率对钢渣微粉改性混凝土电阻率的影响	100×100×300	含水率 0.29%、0.77%、0.89%、1.08%、1.52%、1.68%	3 个（1 组×3 个）
4	温度对钢渣微粉改性混凝土电阻率的影响	100×100×300	温度 −10 ℃、−5 ℃、0 ℃、5 ℃、10 ℃	3 个（1 组×3 个）
5	混凝土板升温均匀性试验研究	300×300×50		3 个（1 组×3 个）
6	电极布置方式对混凝土板升温的影响	300×300×50	两端式直电极、闭合圆环形电极、闭合方环形电极	21 个（7 组×3 个）
7	不同工况对混凝土板升温的影响	300×300×50	绝热状态、自然放置状态、干燥环境、水饱和环境、环境温度（−10 ℃、−5 ℃、0 ℃）	3 个（1 组×3 个）

注：1. 水饱和环境：将养护好的混凝土板在浸没深度为 20 mm 的水中浸泡 4 d。
2. 干燥环境：将混凝土板在 30 ℃恒温干燥箱中放置 1 d，再调至特定温度放置 1 d。
3. 绝热状态：将养护好处于干燥环境的混凝土板放入带盖的泡沫制成的保温箱中，两侧用泡沫板和泡沫颗粒塞满压实。
4. 自然放置状态：将养护好处于干燥环境的混凝土板自然放置于地板上。
5. 序号 2、3、4、5、6、7 试验中，碳纤维掺量为水泥质量的 1.9%（体积率 0.58%），钢渣微粉掺量为水泥质量的 20%；序号 5 的试验中，采用圆环形电极布置方式。

采用的试验方法如下:

(1)钢渣微粉改性碳纤维混凝土电阻率试验:采用第4章4.1.3节电阻率采集方法——四电极法。

(2)钢渣微粉改性碳纤维混凝土板温升试验:

冰雪覆盖于混凝土表面,融雪化冰的快慢与其表面温度有直接关系,因此有必要量测混凝土表面的温度。混凝土板表面的温度受多种因素的影响,如周围不断波动的气流、混凝土内生热率和材料的导热系数等。

混凝土表面温度测量方法分为接触法和非接触法。接触法是将测温元件与被测混凝土或表面直接接触,非接触法测温元件不直接与被测固体或表面接触。按温度测试原理的不同,又可分为热电偶、热电阻、热辐射、光纤等。本试验测温仪器采用热电偶式温度计和红外线热感温度计。

热电偶式温度计是以赛贝克(Seebeck)效应为依据的。在由两种不同的金属组成的封闭回路中,当两个接点温度不同时,电路会出现电动势。热电动势的大小与电极的长度、电极的直径无关,只与电极材料及两端的温度大小有关。由于热电偶具有较宽的测量范围,而且测量精度高,并具有较小的测温端,能测到点的温度,所以热电偶式表面温度传感器是目前测量固体及其表面温度最常用的。它具有便携性,可以直接埋设、敷设、机械夹持、磁性吸力和胶粘在固体表面。

本试验升温情况的具体测量内容如下:①对各种钢渣微粉改性碳纤维混凝土板升温的测量。事先在混凝土板上均匀布置测温点,然后依次测量各点的温度。由于混凝土板在降温过程中温度的变化较慢,因此每块板在做完一组试验后,要在室内静置8~10 h,以使其温度与室温一致,再进行下一组试验测量。具体测温点布置见图8-2。②对钢渣微粉改性碳纤维混凝土板在烘干、水饱和状态和隔热、不隔热状态的温度测量。本书设定混凝土板在浸没深度有20 mm的水中浸泡4 d为水饱和状态,在风干箱中风干至恒重时为烘干状态;将自然放置于地板上的混凝土板设定为自然放置状态,将混凝土板放入带盖的泡沫制保温箱内,两侧用泡沫板和泡沫颗粒塞满压实为隔热状态。混凝土板隔热升温试验布置见图8-3。

混凝土基准配合比见表4-3。所用试验原材料、试件制备工艺和养护条件等均同第3章3.2节。

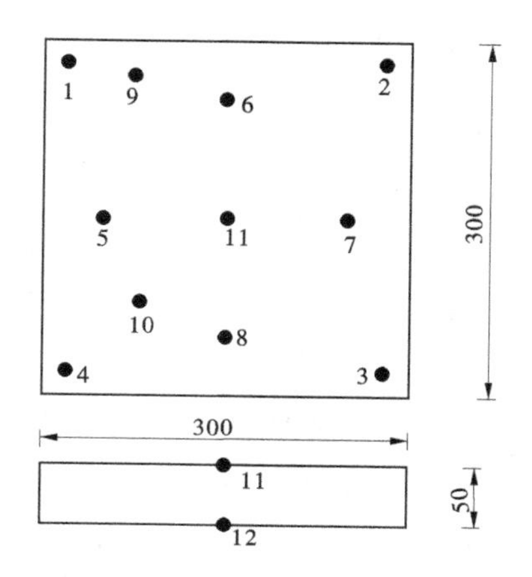

图 8-2　混凝土板面测温点布置示意图　（单位：mm）

图 8-3　混凝土板隔热升温试验布置

8.3　钢渣微粉改性碳纤维混凝土抗压性能

试验方法同第 3 章 3.2 节，钢渣微粉改性碳纤维混凝土抗压强度试验结果见图 8-4。

由图 8-4 可知，在碳纤维混凝土中掺加钢渣微粉可以提高其抗压强度。钢渣微粉掺量小于 10%时，混凝土强度提高不明显；当钢渣微粉掺量为 10%～60%时，混凝土强度随着钢渣微粉掺量的增大而接近线性提高。这是因为钢渣在炼钢过程中加入了熔剂矿物并经高温 1 500～1 650 ℃煅烧后形成的产物，具有相当数量的类似水泥熟料组分的矿物 C_3S、C_2S。这些矿物具有潜在

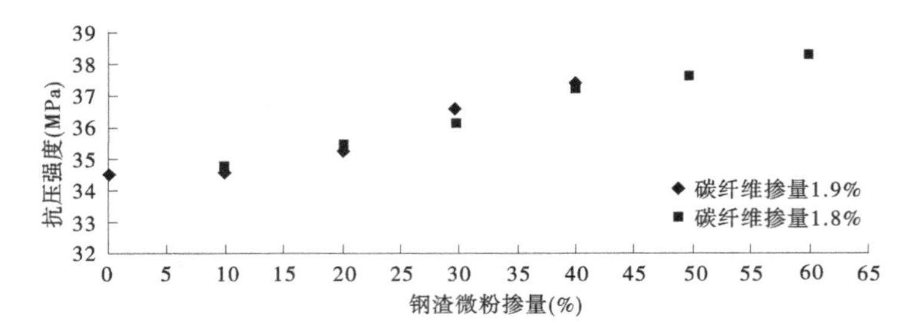

图 8-4 钢渣微粉改性碳纤维混凝土抗压强度与钢渣微粉掺量的变化关系

水硬活性,钢渣在超细磨条件下,颗粒表面存在大量缺陷,可使其潜在水硬活性得到一定程度的发挥;同时,当钢渣微粉与粉煤灰复掺时,可以较好地发挥超叠加效应:钢渣微粉中的 f-CaO 可以激发优质粉煤灰的火山灰反应活性,而粉煤灰吸收了钢渣微粉中的 f-CaO 后,则又可以降低由其引起的安定性不良问题。因此,在碳纤维混凝土中掺加钢渣微粉可以一定程度上提高其力学性能。

从钢渣微粉改性碳纤维混凝土抗压强度的破坏形态看,相对于基准碳纤维混凝土,钢渣微粉改性碳纤维混凝土试件受压破坏时仍保持着整体性,没有明显的碎块或崩落,只是出现了裂缝和脱皮。说明钢渣微粉改性碳纤维混凝土在受压时,其力学性能得到了提高。钢渣微粉改性碳纤维混凝土与基准碳纤维混凝土抗压强度破坏形态比较见图 8-5。

(a)钢渣微粉改性碳纤维混凝土

(b)基准碳纤维混凝土

图 8-5 钢渣微粉改性碳纤维混凝土与基准碳纤维混凝土抗压强度破坏形态比较

8.4　钢渣微粉改性碳纤维混凝土电阻率试验结果及分析

8.4.1　钢渣微粉掺量对碳纤维混凝土电阻率的影响

试验结果如图 8-6 所示。由此可得,随着钢渣微粉掺量增加,混凝土的电阻率先减小后增大,掺量为 20%时电阻率最低。因此,在碳纤维掺量为水泥质量的 1.9%时,钢渣微粉的合理掺量为水泥质量的 20%。

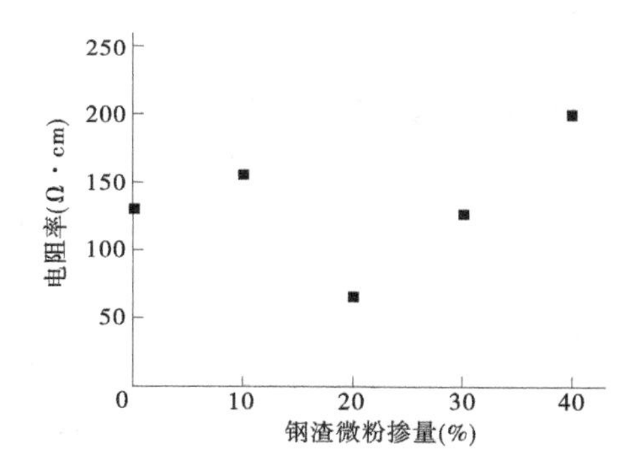

图 8-6　电阻率与钢渣微粉掺量的变化关系

8.4.2　含水率对钢渣微粉改性混凝土电阻率的影响

由于在融雪化冰过程中,混凝土不可避免地会与水接触,混凝土电阻率随含水率的变化直接影响到了升温过程中的功率可控性。由本书试验可知,当钢渣微粉改性碳纤维混凝土的龄期达到 90 d 时,电阻率基本不会随龄期有大的变化。因此,本试验所选的试件养护龄期为 90 d。

混凝土的含水率计算公式为

$$\omega(\%) = \frac{m_s - m_i}{m_s} \times 100 \tag{8-1}$$

式中　ω——混凝土含水率;

m_i——每次烘干后混凝土降至室温时的质量,kg;

m_s——混凝土水饱和状态时的质量,kg。

测量含水率的同时,用四电极法测量钢渣微粉改性碳纤维混凝土试件的电阻率,钢渣微粉改性碳纤维混凝土的电阻率与含水率的关系见图 8-7。

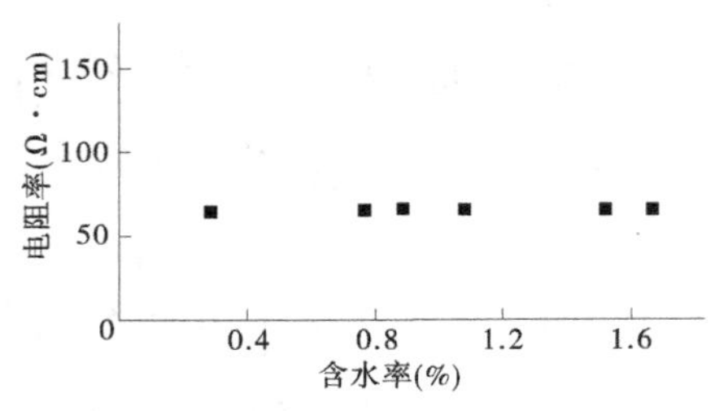

图 8-7　电阻率与含水率的变化关系

由图 8-7 可知,随着含水率的增大,钢渣微粉改性碳纤维混凝土电阻率基本不变,即本试验的钢渣微粉改性碳纤维混凝土导电性对环境湿度具有稳定性。

这一结果与第 4 章碳纤维掺量为水泥质量的 0.5%时,混凝土电阻率随着湿度的增加而逐渐减小的结果正好相反。具体原因是碳纤维在较低掺量下,在混凝土中还未完全形成良好的导电网络,此时混凝土导电主要由两部分组成:一部分由基体中未反应的离子来完成,另一部分是由处于非紧密状态下的碳纤维丝来完成。二者共同承担混凝土的导电能力,而第一部分的导电很大程度上受到试块湿度的影响,因此此时碳纤维混凝土的电阻率随含水率的变化较大,且含水率越大,电阻率越小。而在本试验中,碳纤维掺量为水泥质量的 1.9%时,碳纤维的掺量相对较高,其在混凝土基体中已经形成了良好的导电网络,其导电性主要由混凝土中电阻率小的碳纤维形成的导电网络来实现,同时含水率的降低,会使其中的碳纤维丝更加紧促,有利于导电网络的加强,使混凝土导电性得到提高,从而在一定程度上碳纤维混凝土电阻率会降低。

8.4.3　温度对钢渣微粉改性混凝土电阻率的影响

本试验选取的最低温度为-10 ℃,相对应地选取最高温度为 10 ℃。钢渣微粉改性碳纤维混凝土电阻率随温度变化的测量结果见图 8-8。

由图 8-8 可知,10 ℃与-10 ℃相比,混凝土电阻率仅下降了 3%。试验结果表明,钢渣微粉改性碳纤维混凝土的电阻率在温度变化过程中基本保持稳定,即本试验的钢渣微粉改性碳纤维混凝土的导电性对环境温度具有稳定性。

8.4.4　量测电压对钢渣微粉改性混凝土电阻率的影响

由于电极埋设在钢渣微粉改性碳纤维混凝土内部,因此在施加电压时可适当地加大输入电压,人体的安全电压为 36 V,本书所取的最大电压为 40 V。

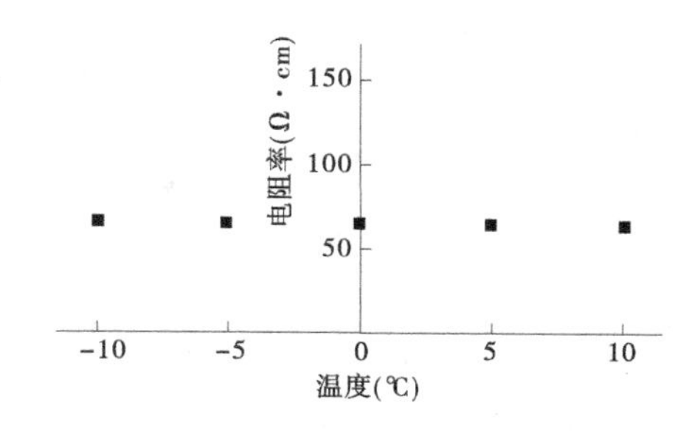

图 8-8　电阻率与温度的变化关系

钢渣微粉改性碳纤维混凝土的电阻率随量测电压变化的试验结果见图 8-9。

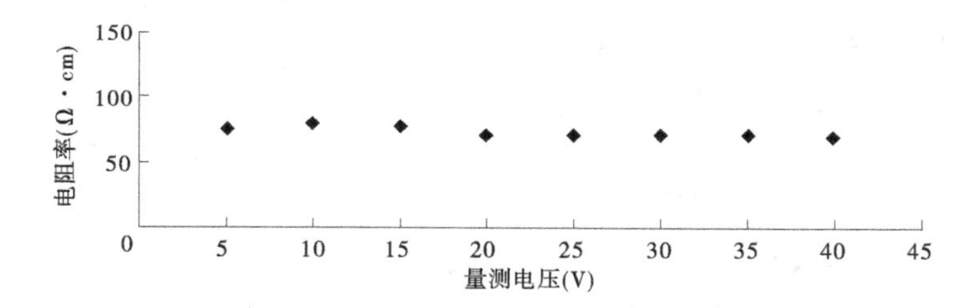

图 8-9　电阻率与量测电压的变化关系

由图 8-9 可知，钢渣微粉改性碳纤维混凝土的电阻率随量测电压的变化不大，与初始电压 5 V 的量测结果相比，电压取 40 V 时混凝土的电阻率仅减小了 1.5%。可以认为量测电压对钢渣微粉改性碳纤维混凝土电阻率测量结果基本没有影响。

8.4.5　龄期对钢渣微粉改性混凝土电阻率的影响

钢渣微粉改性碳纤维混凝土电阻率随龄期的变化见图 8-10。

由图 8-10 可知，钢渣微粉改性碳纤维混凝土的电阻率随龄期先急剧增大，后缓慢增长，再缓慢降低，最后达到平稳。在养护的前 10 d 里，钢渣微粉改性碳纤维混凝土的电阻率增长非常快，约增长了 369%；在 10~28 d，电阻率增长比较缓慢，仅增长了 5.8%；超过 28 d 后随着龄期的增长，钢渣微粉改性碳纤维混凝土的电阻率会缓慢降低，在 90 d 左右，钢渣微粉改性碳纤维混凝土的电阻率基本没有大的变化。这是因为在养护前 10 d 内，钢渣微粉改性碳

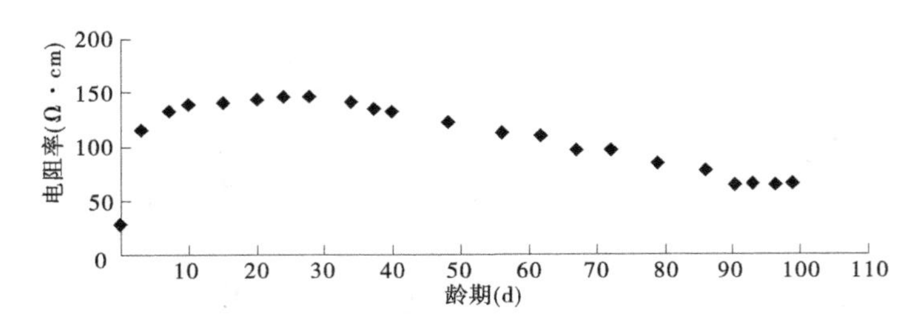

图 8-10　电阻率与龄期的关系

纤维混凝土中的离子浓度较高,钢渣微粉改性碳纤维混凝土的导电主要是离子导电和碳纤维导电共同作用,碳纤维丝之间的搭接不是很充分,可以认为离子导电起到了相当一部分的作用,随着水化反应的进行,钢渣微粉改性碳纤维混凝土中的离子浓度逐渐减小,自由移动的离子数量也减少了,因而钢渣微粉改性碳纤维混凝土电阻率会急剧上升。28 d 后钢渣微粉改性碳纤维混凝土试块中的水化反应基本完成,混凝土的导电主要由碳纤维来实现,随着龄期的增长,混凝土不断硬化,使混凝土中碳纤维相互间的间距减小,碳纤维丝之间的搭接也更加紧促,使自由电子更加顺利地从一边传递到另一边,进而加宽了电子导电的通道,提高了混凝土的导电性。

以上表明钢渣微粉改性碳纤维混凝土的导电性对长龄期结构具有稳定性。

8.5　钢渣微粉改性碳纤维混凝土板的电热效应

钢渣微粉改性碳纤维混凝土在外加电场作用下,激发导电体内部的电子流动,形成电流,从而产生电热效应。本章对钢渣微粉改性碳纤维混凝土板电热效应的研究主要包括钢渣微粉改性碳纤维混凝土板表面温度分布的均匀性、不同的电极布置对钢渣微粉改性碳纤维混凝土板表面升温的影响和在几种不同工况下钢渣微粉改性碳纤维混凝土表面温度与时间之间的关系。

在外加电场作用下,钢渣微粉改性碳纤维混凝土板表面升温速率与发热功率有直接关系。钢渣微粉改性碳纤维混凝土的发热功率 P 计算公式为

$$P = UI = I^2R = \frac{U^2}{R} \tag{8-2}$$

又由式(4-1)可知:

$$P = \frac{U^2 S}{\rho L} \tag{8-3}$$

式中　U——外加电压，V；

I——施加电压后电路中的电流，A；

R——钢渣微粉改性碳纤维混凝土的电阻，Ω；

ρ——钢渣微粉改性碳纤维混凝土的电阻率，Ω · m；

L——两电极之间的距离，m；

S——电极的面积，m^2。

由式(8-2)、式(8-3)可知，在电极间距与电极面积一定的情况下，钢渣微粉改性碳纤维混凝土板的发热功率仅与外加电压有关，因此可以调整外加电压大小，来控制钢渣微粉改性碳纤维混凝土板的发热功率，以满足不同环境下的发热要求。

8.5.1　混凝土板升温的均匀性

为了更好地研究钢渣微粉改性碳纤维混凝土板面温度分布的均匀性，选用内圆环半径为 35 mm 的闭合圆环形电极，将温度测点均匀分布在整个板平面上。钢渣微粉改性碳纤维混凝土板面测温点布置如图 8-11 所示。

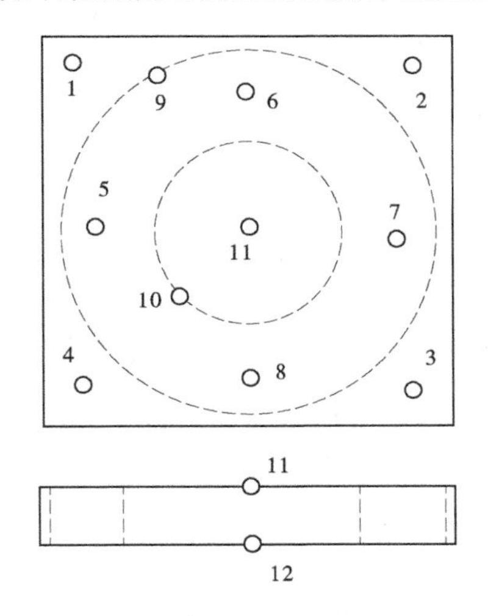

注：图中虚线为电极，实线圆为温度测点。

图 8-11　板面的测温点布置

试验研究了在不同输入功率下,掺加占水泥质量20%钢渣微粉的碳纤维混凝土在通电2 h后钢渣微粉改性碳纤维混凝土板在不同的发热功率下的温度,试验结果如表8-3所示。

表8-3　混凝土板温升试验中各测点温度

测点	温度(℃)		
	输入功率30 W	输入功率45 W	输入功率70 W
1	18.8	22.2	28.1
2	18.1	21.7	27.7
3	18.4	22.1	27.4
4	18.8	22.3	28.4
5	19.4	23.1	29
6	19.1	22.8	28.7
7	19.3	23.2	29.1
8	19.5	22.7	28.6
9	23	25.6	30.9
10	23.5	25.9	31.1
11	18.6	21.6	27.8
12	25.4	27.9	32.6

图8-12为输入功率30 W时,测点1、6、9、10和11的温度比较。

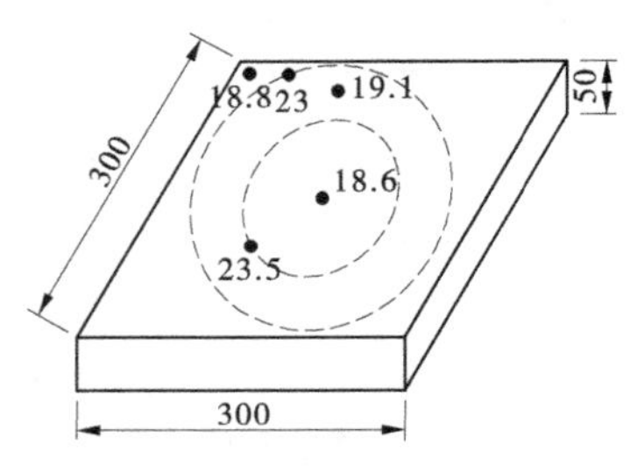

图8-12　板表面温度分布　(单位:尺寸,mm;温度,℃)

由表 8-3 和图 8-12 可知,钢渣微粉改性碳纤维混凝土板表面温度分布并不是均匀的,由于混凝土板主要通过表面散热,所以与电极接近部分的温度要高于其他部分;板面由边缘到中心被电极分割成三块,每个分块内部测点温度基本一致,且由边缘到中心温度依次升高。当输入功率增大时,沿混凝土板厚度方向 11 点和 12 点温度差由 6.8 ℃减小到 4.8 ℃。原因是输入功率大,升温速度快,单位时间内外界消耗能量相对较少,即输入功率越大,混凝土板表面温度不均匀性相对越少。

8.5.2　电极布置方式对混凝土板温升效果的影响

针对混凝土板电极的布置,主要考虑了电极自身的形状、内层电极的长度对混凝土板升温的影响。

8.5.2.1　电极形状对混凝土板电热升温的影响

选取闭合圆环形电极、闭合方环形电极和两端式直电极三种不同的电极形状,其中闭合圆环形电极和闭合方环形电极的内电极均选用钢钉,即认为内层电极均为点电极,如图 8-13 所示。

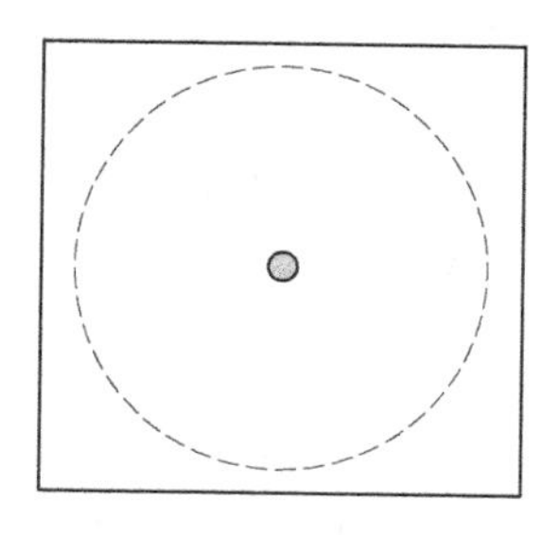
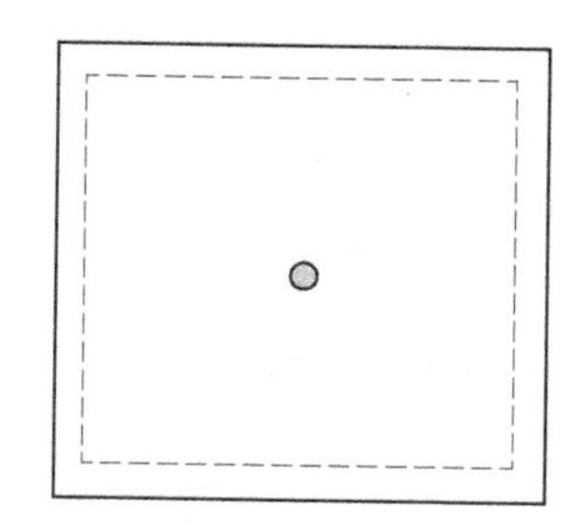

图 8-13　内层电极为点电极的钢渣微粉改性碳纤维混凝土板

量测电压设定为 20 V,各混凝土板通电 2 h,两电极之间区域所测量的平均温度见表 8-4。

由表 8-4 可知,随着通电时间的延长,混凝土板的温度均呈上升的趋势,其中圆点的效果最好,升温速率为 1.7 ℃/h。这是因为闭合圆环形电极布置于混凝土板内,缩短了两电极之间的距离,同时增加了电极与混凝土之间的接触面积,从而使混凝土板的接触电阻较两端式直电极减小了,同时减小了极化效应的影响,故在相同的电压下所得的功率会有所提高,增强了发热的效果。

表 8-4　不同电极形状混凝土板的测点温度

通电时间(min)	温度(℃)		
	两端式直电极	闭合圆环形电极	闭合方环形电极
0	10	10	10
30	10.7	10.9	10.4
60	11.6	11.9	11.3
90	12.5	12.8	11.9
120	13.1	13.6	12.6

8.5.2.2　内层电极长度对混凝土板电热升温的影响

发热功率设定为 30 W,通电 2 h 后分别对闭合圆环形电极混凝土板与闭合方环形电极混凝土板进行了温度测量,测量结果见图 8-14。

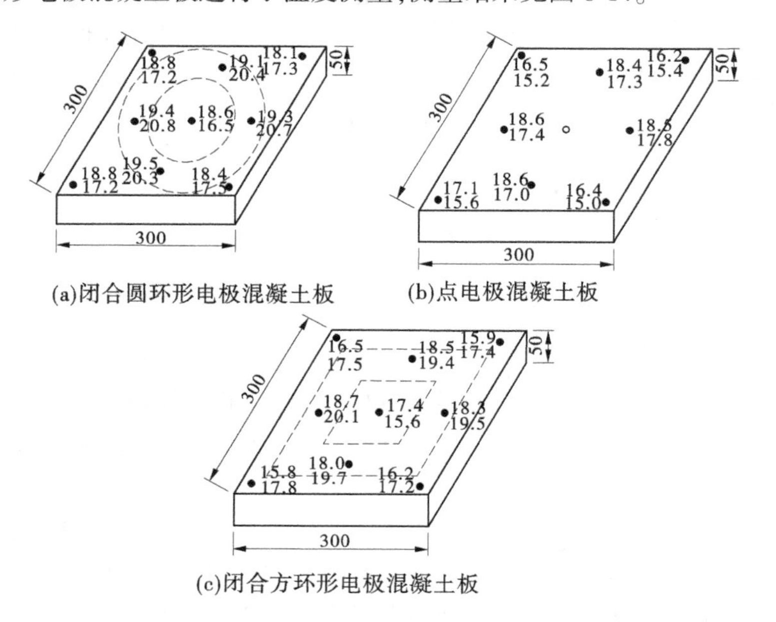

注:图(a)和图(c)中各测温点处上、下方数值分别对应内环半径为 70 mm、35 mm 和内环边长为 140 mm、70 mm 的混凝土板的表面温度,图(b)中各测温点处上、下方数值分别对应圆点电极、方点电极的混凝土板的表面温度。

图 8-14　混凝土板表面各测点温度分布　(单位:尺寸,mm;温度,℃)

由图 8-14 可知,钢渣微粉改性碳纤维混凝土板被电极分成几块,每个分块区域测量的温度基本接近,说明本试验碳纤维在混凝土中的分散是比较均匀的;两电极之间的温度随着电极间距的减小而不断增大;闭合圆环形电极的钢渣微粉改性碳纤维混凝土板表现出的温度分布更均匀,相同时间内上升的温度更高。

从施工工艺上看,闭合形电极较两端式的条形直电极操作简单。条形直电极一般是在拌和物振动成型过程中插入混凝土的,而闭合形电极可以像钢筋一样按照一定的间距要求直接摆放在模板内,然后进行混凝土浇筑。

8.5.3　不同工况对混凝土板温升效果的影响

8.5.3.1　绝热状态和自然放置状态对混凝土板电热升温的影响

对钢渣微粉改性碳纤维混凝土板施加不同的发热功率,其温度取板中心温度,测量结果见图 8-15。

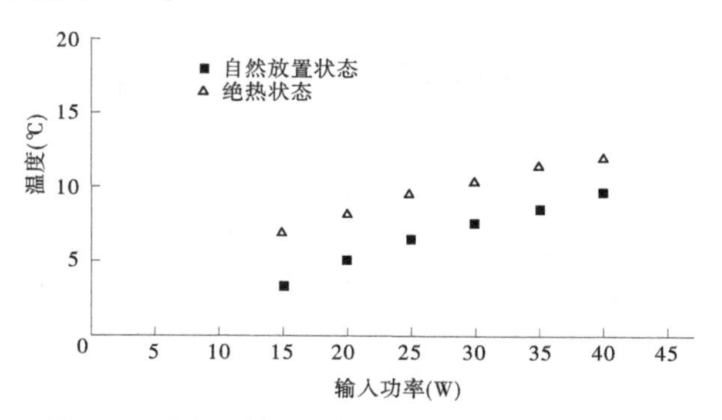

图 8-15　混凝土板升温与输入功率之间的变化关系

由图 8-15 可知:

(1)随着输入功率的提高,钢渣微粉改性碳纤维混凝土板表面的升温也不断提高。

(2)绝热状态时升温速率要比自然放置状态下升温速率大很多。混凝土板传递热量的方式主要有三种:对流、热辐射和热交换。对绝热状态来说,除上表面的对流和热辐射外,减少了与外界接触物体的热交换,因此一定程度上减少了热量的损失。

(3)在相同的外界环境下,绝热时升温与自然放置时升温的差值随着输入功率的增大而减小。其原因是在自然放置状态下当输入功率增大时,功率损失与总生热功率之比减小,从而使两种状态下升温差值降低。

8.5.3.2　干燥状态与水饱和状态对混凝土板电热升温的影响

输入电压设定为 30 V,混凝土板自然放置,分别测量混凝土板在水饱和状态和烘干状态的升温规律,温度取板中心温度,其结果见图 8-16。

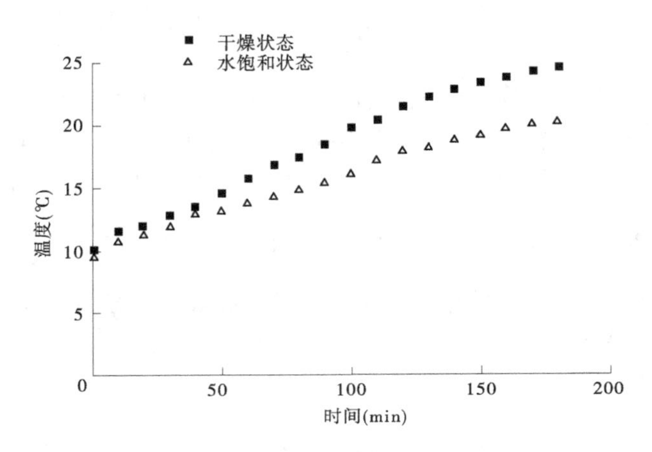

图 8-16　混凝土板表面温度随通电时间的变化关系

由图 8-16 可知:

(1)钢渣微粉改性碳纤维混凝土板表面温度均随着通电时间而不断升高,干燥状态下的升温较水饱和状态要大。这是因为混凝土在湿润的状态下,混凝土基体中存在着游离的离子,在电场作用下很容易发生极化反应,造成了输入能量的损失,同时干燥的情况下混凝土内部碳纤维的紧密程度较湿润状态下的好得多,因此混凝土的电阻率比湿润时小,达到相同的功率时需要施加的电压相对就小,从而进一步降低了极化反应的发生;同时,湿润状态下的混凝土中水分也要吸收热量以加快蒸发,故混凝土板在干燥状态下的升温比水饱和状态时大。

(2)钢渣微粉改性碳纤维混凝土板面的温度随通电时间基本呈现线性提高,在 125 min 后,混凝土表面温度增长速度开始降低,水饱和状态时在 175 min 时混凝土的表面温度基本不变。这也说明了混凝土板在外加电压下表面温度会不断升高,但最终会与外界环境达到平衡,在一个温度值上下小幅波动。

8.5.3.3　环境温度对混凝土板电热升温的影响

在不同的环境温度下,钢渣微粉改性碳纤维混凝土板的升温与通电时间的关系见图 8-17。

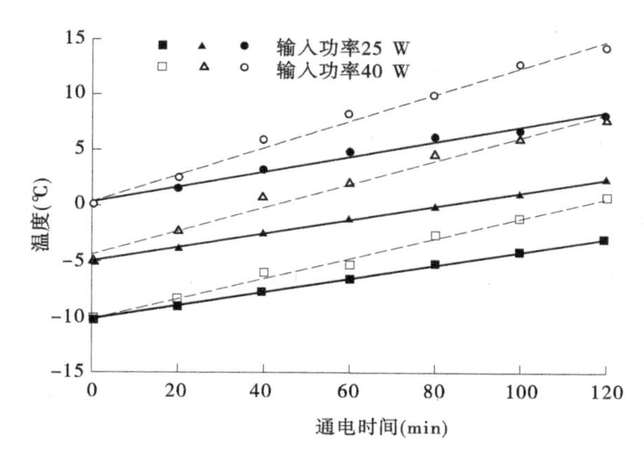

图 8-17　初始环境温度下通电时间与混凝土板温度的关系

由图 8-17 可知,钢渣微粉改性混凝土板在不同环境温度下,表现出来的升温规律基本相似,即在通电 2 h 内,混凝土板表面温度与通电时间呈线性关系;在相同时间内,输入功率越大,混凝土板升温速率越大;输入功率相同时,随着环境温度升高,混凝土板升温速率越大,这是因为环境温度越高,混凝土板散失的热量越少,其升温效果更明显。

8.6　本章小结

本书通过钢渣微粉改性碳纤维混凝土电阻率测量试验和混凝土板的升温试验,研究了其电阻率的稳定性和混凝土板的电热效应,主要结论如下:

(1)在碳纤维混凝土中掺加钢渣微粉可以在一定程度上提高其抗压强度。随着钢渣微粉掺量的增加,混凝土的抗压强度也不断增大。

(2)在碳纤维混凝土电阻率满足使用性能要求的前提下,与基体混凝土相比,掺加钢渣微粉可以适当减少碳纤维掺量。虽然减少的幅度不是很大,体积率仅下降了 0.03%,但是从工程的角度来看,每立方米的混凝土可以节省碳纤维 0.6 kg,给工程成本的节省带来很大的空间还是很有意义的。

(3)本试验制备的钢渣微粉改性碳纤维混凝土试件养护 90 d 左右后,其电阻率基本不再变化,并且对环境变化具有比较好的稳定性。

(4)钢渣微粉改性碳纤维混凝土板采用闭合圆环形电极具有较好的升温效果,可以替代两端式直电极。这可以简化钢渣微粉改性碳纤维混凝土浇筑过程中电极的埋设,同时闭合圆环形电极表现出了比两端式直电极更好的升温能力,可以在一定程度上增大闭合形电极之间的间距,从而减少从混凝土中引出导线的数量。

(5)在应用钢渣微粉改性碳纤维混凝土板的电热效应时,混凝土板保持隔热、干燥状态所取得的升温效果更好。掺加有碳纤维与钢渣微粉的混凝土在施加外加电场的情况下,干燥状态比湿润状态的发热效果好,隔热比不隔热的发热效果好。

(6)随着周围环境温度的升高,相同时间内混凝土表面升高相同的温度可以适当减小输入功率,在一定程度上可以节省电能。

第 9 章　碳纤维智能混凝土力电性能及在结构中的应用

碳纤维混凝土作为一种具有功能特性的结构材料，其电学特性和力学特性的关系决定着其能否应用于实际工程的结构健康检测，目前大多数关于碳纤维智能混凝土的研究仅停留在碳纤维砂浆材料层面，与真实的结构构件的受力情况差别很大，将碳纤维混凝土块作为传感器预埋于构件内部，可对结构内部进行监测，但也可能会形成结构内部薄弱点，对结构构件的安全构成隐患。

本章在对含粗骨料碳纤维混凝土试件进行单轴加压试验，得到碳纤维混凝土电阻变化率与应力应变的关系基础上，将碳纤维混凝土作为传感器预埋于结构内部，通过试验研究分析碳纤维混凝土智能块在短柱和简支梁中的受力监测作用，以期为碳纤维混凝土在工程中的应用提供参考。

9.1　碳纤维混凝土力电性能试验研究

本节试验基准配合比见表 4-3，所用试验原材料、试件的制备工艺和养护条件等均同第 4 章，碳纤维长度为 6 mm。

主要试验内容见表 9-1。

表 9-1　碳纤维混凝土力电性能试验测试内容及试件特征值

序号	测试内容	试件尺寸（mm×mm×mm）	试验变量	试件总个数
1	碳纤维混凝土电阻率与应力应变的关系	100×100×300	碳纤维掺量占水泥质量的 0.65%、1.0%、2.0%	15 个（5 组×3 个）

试验使用的主要仪器设备：600 kN 电液伺服式压力试验机、SAKO SK1660SL2A 型直流稳压电源、高精度数字万用表、IMP 数据自动采集仪及若干根导线。

试验内容：用电液伺服式压力试验机对试件进行轴向加载（见图 9-1），得到碳纤维混凝土试件轴向应变随轴压荷载的变化关系曲线；采用四电极法测试碳纤维混凝土试件电阻率（测试系统见图 6-1），绘制其随轴压荷载的变化关系曲线。

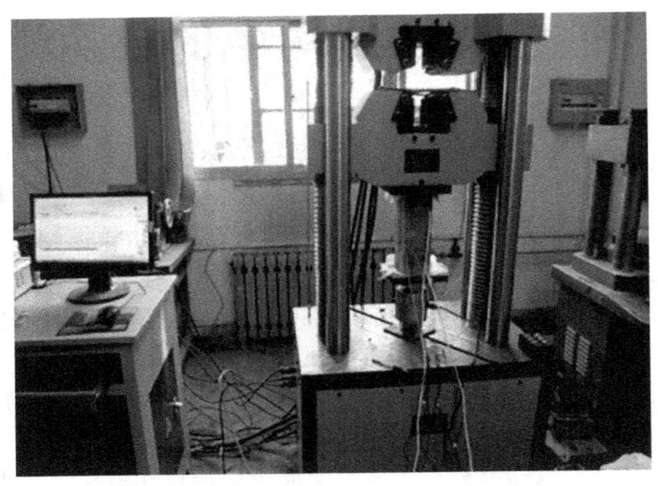

图 9-1　碳纤维混凝土受力试验装置

具体加载制度如下：试验采用分级加载，第一级加载速率为 3 kN/s，加载范围为 0～100 kN；当荷载值大于 100 kN 时，转为第二级加载，加载速率为 0.5 kN/s，加载范围直到预估峰值荷载的 80%；最后进行第三级加载，采用位移控制，加载速率为 0.000 3 mm/s，直到试件破坏。

碳纤维混凝土电阻变化率与应力应变关系的试验结果如图 9-2 和图 9-3 所示。

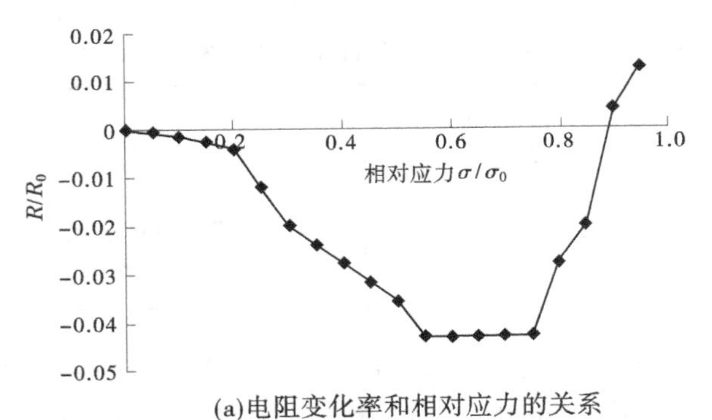

(a)电阻变化率和相对应力的关系

图 9-2　碳纤维掺量 1.0%时电阻变化率和相对应力及相对应变的关系

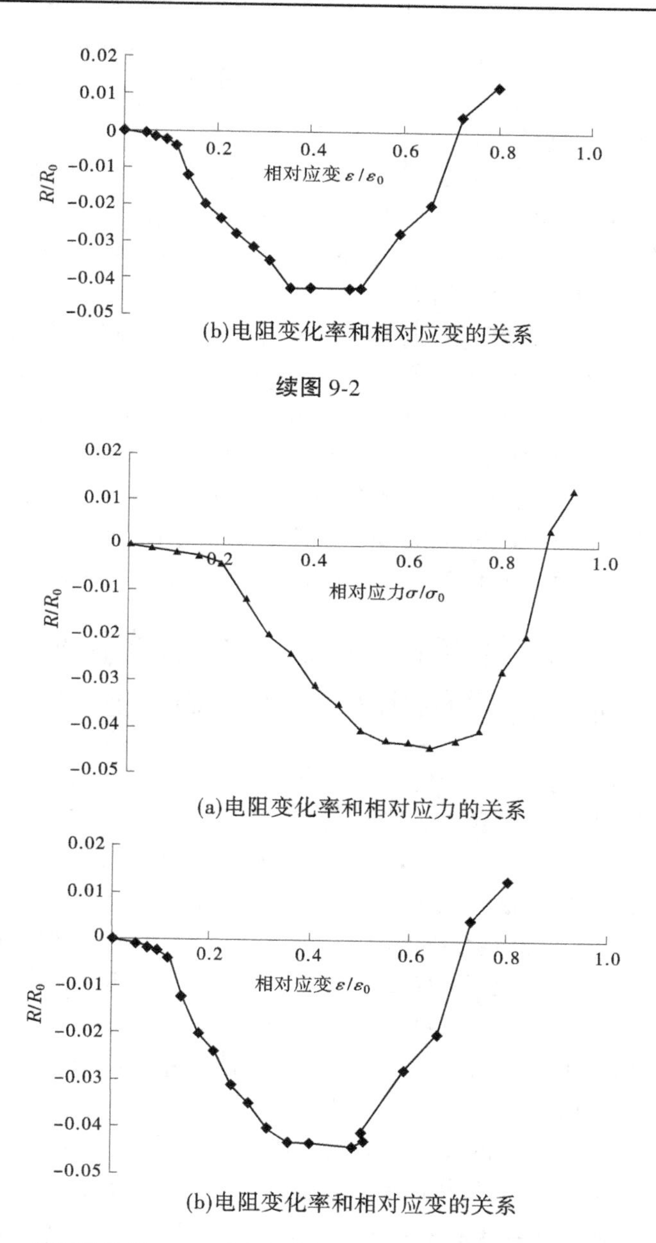

(b)电阻变化率和相对应变的关系

续图 9-2

(a)电阻变化率和相对应力的关系

(b)电阻变化率和相对应变的关系

图 9-3　碳纤维掺量 2.0%时电阻变化率和相对应力及相对应变的关系

由图 9-2 和图 9-3 可以得出，在不同碳纤维掺量下，碳纤维混凝土受力试件电阻变化率和相对应力及相对应变的关系具有一致性，电阻变化率变化可分为以下三个阶段：

(1)在应力不超过其峰值应力40%～50%的试件受力初始阶段，随着荷载的增加，电阻率逐渐减小。

(2)在应力位于其峰值应力的50%～75%的试件受力中期阶段，随着受压荷载的增加，电阻率变化较为平缓。

(3)当应力大于其峰值应力的75%时，随着受压荷载的增加，电阻率逐渐增大，直到试件破坏时突然增大。

在荷载施加的初期阶段，电阻变化率与相对应力的变化关系近似于线性关系，此时碳纤维混凝土处于弹性状态，在轴向荷载的作用下，碳纤维混凝土原有的内部缺陷和裂纹发生闭合，原分隔的碳纤维有机会搭接在一起，电阻率降低；在荷载施加的中期阶段，曲线变化较为平缓，此时碳纤维混凝土内部既有新的裂纹产生，又有老的裂纹闭合，两者交替作用，电阻率变化不大；在碳纤维混凝土试件即将达到峰值荷载时，碳纤维混凝土试件产生宏观裂缝，电阻率突然增大。碳纤维混凝土试件受力状态和自身电阻变化具有良好的对应性。

9.2　碳纤维智能混凝土在结构构件中的受力传感作用和监测机制试验研究

碳纤维智能混凝土在结构构件中应用，目前大多数的研究都侧重于碳纤维砂浆层面，但相对于混凝土，碳纤维砂浆的强度较低，如果作为传感器预埋于构件内部，则成为一个薄弱点，对结构构件的安全构成隐患。

第6.1节碳纤维混凝土压敏性试验研究和第9.1节碳纤维混凝土力电性能试验研究成果表明，碳纤维混凝土在荷载作用下，具有良好的压敏性，其电阻变化率和相对应力及相对应变的关系具有良好的对应性，这为碳纤维混凝土作为传感器预埋于构件内部来监测构件的受力性能提供了基础。

本节侧重于进行碳纤维混凝土智能块(传感器)在混凝土简支梁和短柱等结构构件中的受力传感作用和监测机制研究。

采用第4章表4-1混凝土基准配合比，取碳纤维长度为6 mm，碳纤维掺量为水泥质量的0.5%，制作碳纤维混凝土智能块；采用第4章表4-1混凝土基准配合比，制作普通混凝土简支梁和短柱。所用试验原材料、碳纤维混凝土智能块的制备工艺和养护条件等均同第4章，混凝土简支梁和短柱的制备工艺和养护条件符合相关试验标准规定。

本节主要试验内容如表9-2所示。

表 9-2　碳纤维混凝土智能块在结构构件中的应用试验内容及试件特征值

序号	测试内容	试件尺寸（mm×mm×mm）	试验变量	试件总个数
1	在单调荷载下，预埋智能块电阻变化率与荷载、位移、应变的关系	柱 150×150×500	30%、60%、80%极限荷载循环作用	3 个（1 组×3 个）
2	在单调荷载下，预埋受拉区智能块厚度对电阻变化率与荷载、位移、应变关系的影响	梁 150×300×2 100	受拉区智能块 400 mm×100 mm×30 mm、400 mm×100 mm×60 mm、400 mm×100 mm×90 mm	9 个（3 组×3 个）
3	在单调荷载下，预埋智能块电阻变化率与荷载、位移、应变的关系	梁 150×300×2 100		3 个（1 组×3 个）
4	在循环荷载下，预埋智能块电阻变化率与荷载、位移、应变的关系	梁 150×300×2 100		9 个（3 组×3 个）

9. 2. 1　碳纤维混凝土智能块在短柱中的应用试验研究

柱子作为建筑物的承重构件，其安全状况直接决定了建筑物整体的安全状况，因此对柱子的安全监测就很有必要。本部分通过在单调荷载作用下，碳纤维混凝土智能块电阻变化率和短柱应变、位移、荷载关系试验，研究预埋于混凝土短柱内部的碳纤维混凝土智能块的受力传感作用和监测机制。

9. 2. 1. 1　试验简介

（1）碳纤维混凝土智能块，尺寸为 100 mm×100 mm×100 mm。智能块经过标准养护 3 d 后拿出，用电烙铁将信号线焊接于电极两端，并用环氧树脂将接口密封，防止在浇筑混凝土的过程中信号线脱落。智能块如图 9-4 所示。

图 9-4　碳纤维混凝土智能块

(2)混凝土短柱,尺寸为 150 mm×150 mm×500 mm,浇筑时,先将混凝土浇筑一半,将智能块埋设在短柱中部,电极平面垂直于轴线放置,信号线通过模板上的预留孔穿出。预留 4 个 150 mm×150 mm×150 mm 立方体伴随试块,用于测取柱子的抗压强度和用作应变片补偿块。标准养护 28 d 后取出,粘贴应变片,放置在试验机上,安装位移计,连接电路,进行测试。成型后的混凝土短柱如图 9-5 所示。

图 9-5　混凝土短柱

混凝土短柱受力试验装置见图 9-1,碳纤维混凝土智能块电阻量测系统见图 6-1,采用二电极法测电阻。试验方法同 9.1 节。

9.2.1.2　碳纤维混凝土智能块电阻变化率和短柱荷载、位移、应变之间的关系

单调加载试验,可得出预埋在混凝土短柱内的碳纤维混凝土智能块电阻变化率和荷载、位移、应变之间的关系,如图 9-6 所示。

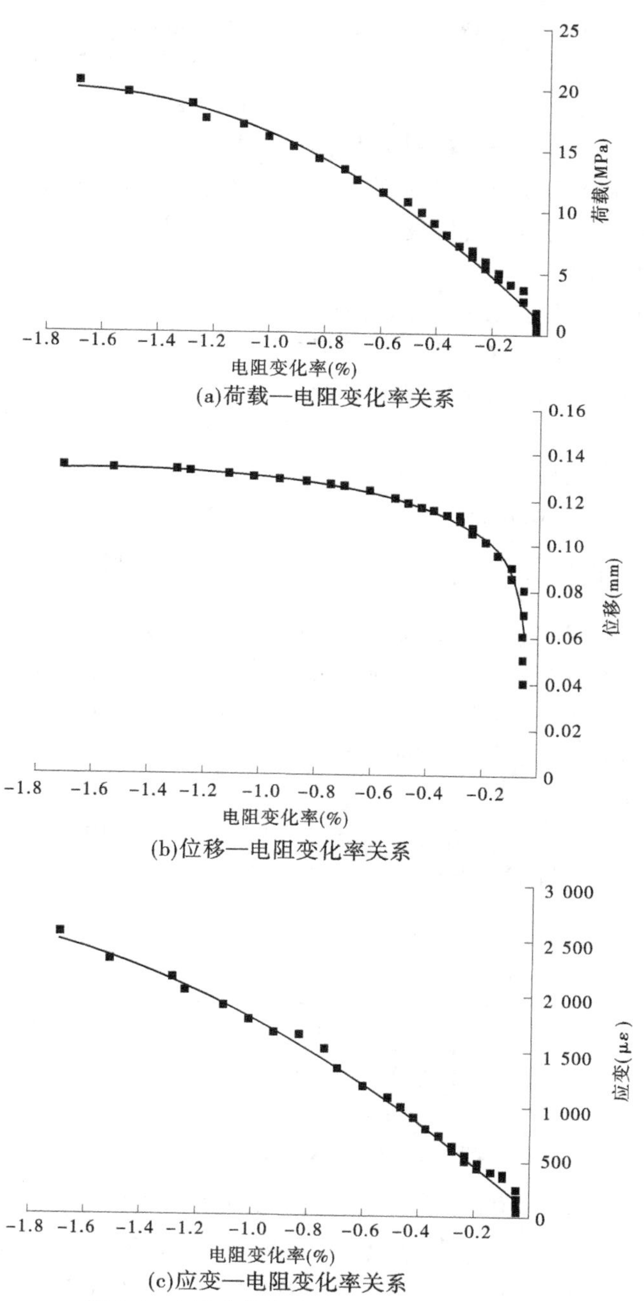

(a)荷载—电阻变化率关系

(b)位移—电阻变化率关系

(c)应变—电阻变化率关系

图9-6 电阻变化率和应力、应变、位移之间的关系

从图 9-6 可以看出,电阻变化率随着应力、应变、位移的增大而增大。

随着荷载增加,预埋在混凝土短柱内的碳纤维混凝土智能块在压力的作用下,微裂纹闭合,相邻纤维之间的距离减小,从而相邻纤维之间的势垒减小,使电子发生跃迁的能量降低,导电能力增加,电阻减小。由图 9-6 可以看出,应力、位移、应变和电阻变化率之间都具有明显的对应关系,根据最小二乘法拟合出了应力、位移、应变和电阻变化率之间的关系曲线,从关系曲线得出试验结果符合以下公式:

应力 σ(MPa)和电阻变化率 η 之间符合:

$$\sigma = -61\ 845\eta^2 - 2\ 195\eta + 0.475\ 5 \tag{9-1}$$

应变 ε(με)和电阻变化率 η 之间符合:

$$\varepsilon = -4 \times 10^6\eta^2 - 215\ 173\eta + 56.943 \tag{9-2}$$

位移 s(mm)和电阻变化率 η 之间符合:

$$s = 77\ 903\eta^3 - 2\ 430.2\eta^2 - 23.701\eta + 0.057\ 1 \tag{9-3}$$

9.2.2 碳纤维混凝土智能块在简支梁中的应用试验研究

碳纤维混凝土智能块在简支梁中的应用试验主要研究在单调荷载下,预埋受拉区智能块厚度对电阻变化率与荷载、位移、应变关系的影响;在单调荷载下,预埋智能块电阻变化率与荷载、位移、应变的关系;在循环荷载下,预埋智能块电阻率与荷载、位移、应变的关系。

9.2.2.1 试验简介

简支梁在四点加载试验时,上部受压、下部受拉,在跨中截面的受拉区和受压区分别埋设碳纤维混凝土智能块,如图 9-7 所示。

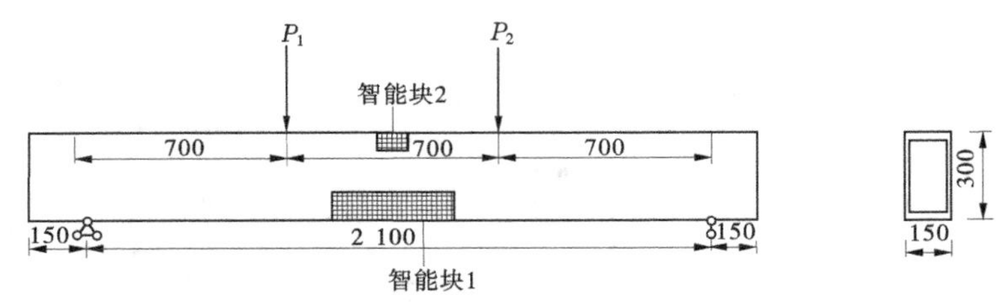

图 9-7 简支梁几何尺寸及智能块埋设位置示意图 (单位:mm)

采用第 4 章 4.1.2 节的碳纤维混凝土制备方法,制作受拉区碳纤维混凝土智能块 1(尺寸为 100 mm×100 mm×400 mm)、受压区碳纤维混凝土智能块 2(尺寸为 100 mm×100 mm×60 mm)。标准养护 3 d 后,从养护室拿出并用切割机切割,以便和普通混凝土梁形成良好的黏结,共同变形,用电烙铁将信号线焊接在电极上，并用环氧树脂将接口密封，防止浇筑混凝土时信号线脱落。然后进行梁体浇筑，先将 100 mm×100 mm×400 mm 的智能块放置于梁底，浇筑混凝土，当离梁顶 60 mm 时，将 100 mm×100 mm×60 mm 的智能块放入梁内，继续浇筑至完成。碳纤维混凝土智能块及在梁内的布置如图 9-8 所示。

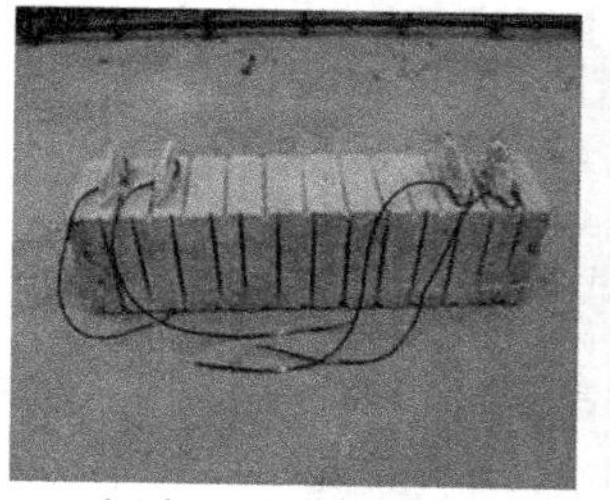
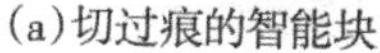
(a)切过痕的智能块

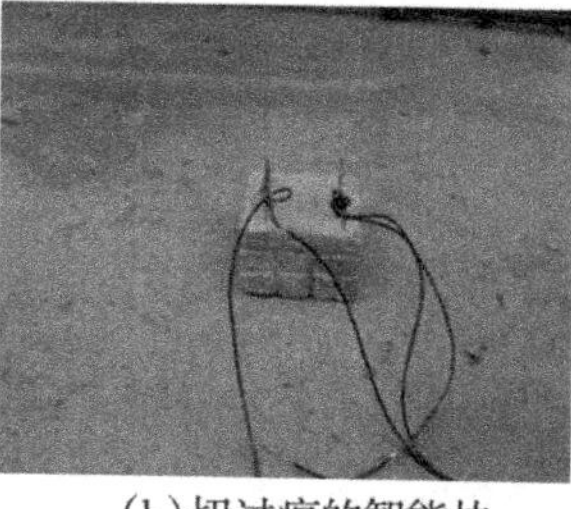
(b)切过痕的智能块

(c)梁内智能块布置

图 9-8　碳纤维混凝土智能块及在梁内的布置

在浇筑梁体的同时，留四个试件，其中三个试件做抗压强度试验，一个试件内埋补偿钢筋，作为补偿块，放在梁体旁边，自然养护 28 d，粘贴应变片进行试验。应变片具体位置为：跨中梁底两片，梁底碳纤维混凝土智能块中部一片，梁顶碳纤维混凝土智能块中部一片，如图 9-9 和图 9-10 所示。

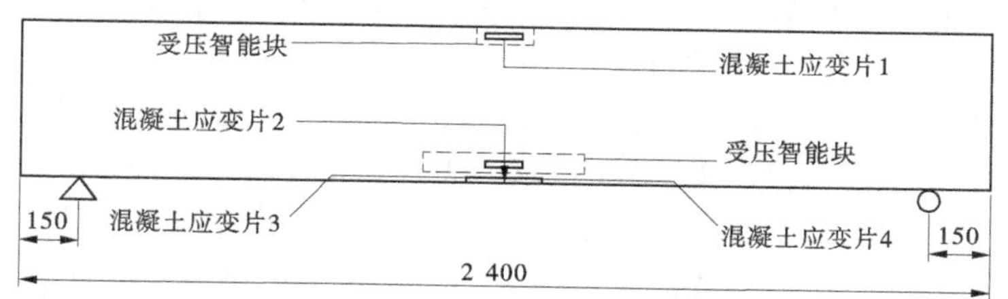

图 9-9　混凝土应变片位置示意图　（单位：mm）

图 9-10　梁体混凝土应变片粘贴

在试验机上定出支座的位置，将粘贴好应变片的梁按预定位置放在试验机上，连接各测试仪器。所用到的量测仪器及量测项目见表9-3。

表9-3　量测仪器及量测项目

量测仪器	量测项目
应变片1	测试梁顶智能块中部截面应变
应变片2	测试梁底智能块中部截面应变
应变片3	测试梁底混凝土应变
应变片4	测试梁底混凝土应变
受压钢筋应变片	测试受压钢筋应变
受拉钢筋应变片	测试受拉钢筋应变
位移计	测试跨中截面位移值
压力传感器	测试施加荷载值
智能块1	测试梁顶智能块电阻率变化
智能块2	测试梁底智能块电阻率变化
直流稳压电源	作为恒流源提供电流
数字万用表	量测电路中的电流
数据自动采集系统	采集荷载值、位移值、应变值、电压值

由直流稳压电源提供直流电流，将智能块1和智能块2及数字万用表进行串联形成回路，由数据自动采集系统采集智能块的两端电压并存储，数据自动采集系统同时采集各荷载值、位移值和应变值。

将仪器连接好后，先进行预加载，检查各仪表是否正常工作，若正常则进行加载试验。单调加载：实行分级加载，每级5 kN，直至试件破坏，每加载一次，采集一次数据，观察并记录智能块电阻率和简支梁荷载、应变及位移，并描述裂缝发展情况；循环加载：每个荷载级别循环5次，观察并记录智能块电阻率和简支梁荷载、应变及位移。量测系统电路连接原理图见图9-11。

9.2.2.2　试验结果

1. 单调荷载下，预埋智能块电阻变化率与简支梁荷载、位移、应变的关系

将简支梁安放在试验机上，连接各测量仪器后进行加载试验，实行分级加载，每级5 kN，每加载一次，采集一次数据，直到发生破坏为止，在加载过程中描绘裂缝的开展图。

1）梁底受拉区智能块电阻变化率与荷载的关系曲线

梁底受拉区智能块电阻变化率与荷载的关系曲线见图9-12。

由图9-12可知：

简支梁在外荷载作用下，底部受拉区碳纤维混凝土智能块的电阻率随着荷载的增加而增大，并且电阻变化非常明显，在开裂荷载和破坏荷载处电阻变

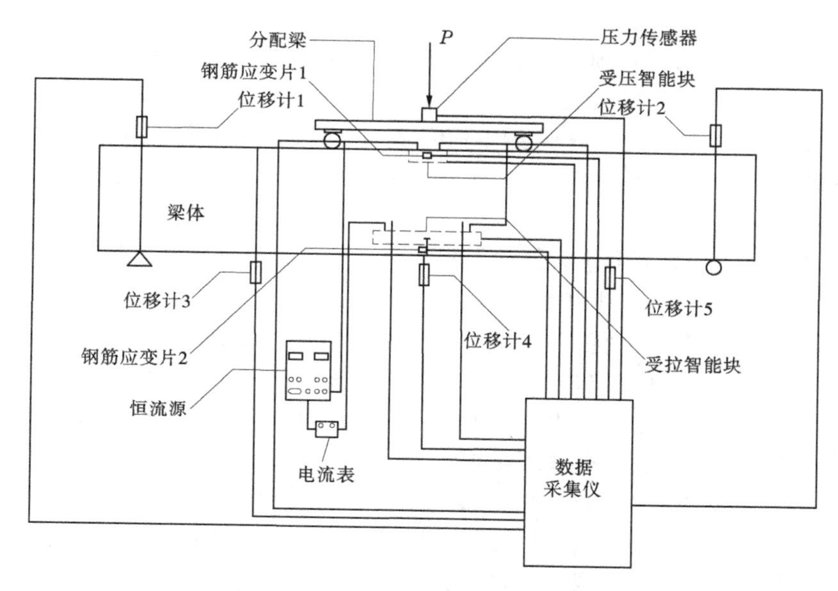

图9-11　量测系统电路连接原理图

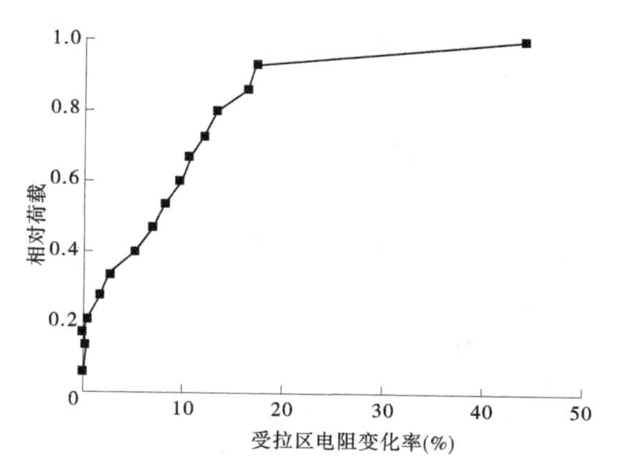

图9-12　梁底受拉区智能块电阻变化率与相对荷载的关系曲线

化尤其明显。

碳纤维混凝土受拉块的电阻率变化大致分为三个阶段：

第一阶段：(0~20%)极限荷载之间，混凝土尚未开裂，碳纤维混凝土智能块电阻率变化较小，电阻变化率随荷载的增加而增加；当荷载超过开裂荷载后，混凝土开裂，曲线出现第一个拐点，之后随着荷载增大，裂缝逐渐扩展，电阻变化率也逐渐增大。

第二阶段:(20%~80%)极限荷载之间,也是混凝土结构工作的正常范围,此阶段电阻变化率较明显。

第三阶段:(80%~100%)极限荷载之间,受拉钢筋逐渐屈服,受压区混凝土逐渐被压碎,裂缝迅速扩张,智能块电阻率发生第二个拐点,电阻变化率急剧增长。

受拉区碳纤维混凝土智能块电阻变化率的变化反映了智能块内部原有裂缝的扩张、新裂缝的产生和裂缝发展破坏的过程。在第一阶段,碳纤维混凝土未开裂前,由于混凝土浇筑完成后,内部不可避免地存在着初始裂缝,随着荷载的增加,原有裂缝被拉开,碳纤维之间的距离增加,纤维之间的势垒增加,本来可以发生跃迁的电子由于势垒增加而不能发生跃迁,所以碳纤维混凝土智能块的电阻变化率随着荷载的增加而增大。随着荷载的继续增加,进入第二阶段,在原有裂缝扩展的基础上,又产生了新的裂缝,纤维之间的势垒变得更大,使隧道效应的发生变得更加困难,导致电阻变化率继续增大,且增加的速率明显高于第一阶段。到第三阶段,受拉区钢筋发生屈服,形成贯穿性裂缝,导电网络被隔断,电阻率急剧增大,且增大速率明显高于第二阶段。

2)梁底受拉区智能块电阻变化率与受拉区拉应变的关系曲线

梁底受拉区智能块电阻变化率与受拉区拉应变的关系曲线见图 9-13。

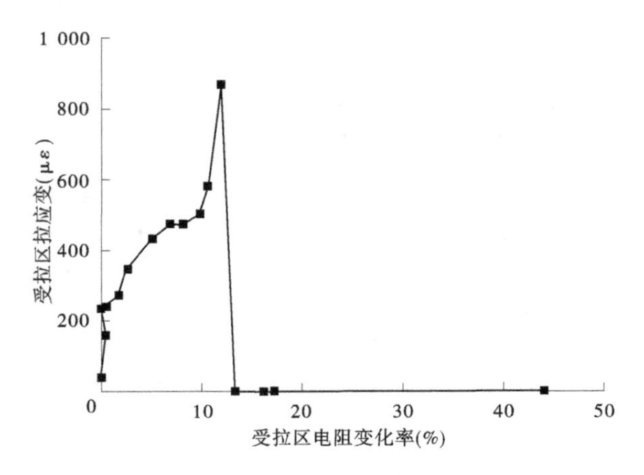

图 9-13　梁底受拉区智能块电阻变化率与受拉区拉应变的关系曲线

由图 9-13 可知:

碳纤维混凝土受拉块在拉力作用下,电阻率发生明显变化;随着拉应变的

增大,电阻变化率逐渐增大,直到应变片被拉坏。电阻变化率随着拉应变的变化也可以分为三个阶段:

第一阶段:(0~25%)极限拉应变,混凝土尚未开裂,电阻变化率较小,随着应变的增大而缓慢增大。

第二阶段:(25%~85%)极限拉应变,混凝土开裂,曲线出现第一个拐点,随着应变的不断增大,电阻变化率也逐渐增大,且变化速率增大。此范围是混凝土正常工作的范围,电阻变化率变化较明显,便于量测。

第三阶段:(85%~100%)极限拉应变,随着拉应变继续增大,应变片被拉断,电阻变化率明显增大,曲线发生第二个拐点。

从试验结果可以得到,随着应变的增大,受拉区智能块的电阻变化率也存在着较慢变化区、较大变化区、急剧变化区,这三个阶段和受弯构件破坏的三个过程是相对应的。因此,利用碳纤维智能混凝土作为受拉区传感器用于监测结构的受力状况是可行的。

3)梁底受拉区智能块电阻变化率与跨中位移的关系曲线

梁底受拉区智能块电阻变化率与跨中位移的关系曲线见图9-14。

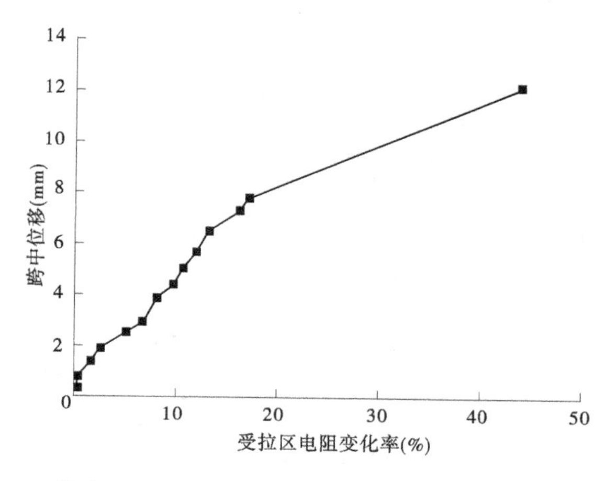

图9-14 梁底受拉区智能块电阻变化率与跨中位移的关系曲线

由图9-14可知:

随着跨中位移的增大,受拉块电阻变化率逐渐增大。根据图9-14中的曲线,受拉区电阻变化率随跨中位移的变化大致也可分为三个阶段:

第一阶段:(0~20%)极限跨中位移,混凝土尚未开裂,跨中位移发展缓慢,受拉区碳纤维混凝土智能块裂缝只是内部原有裂缝的轻微扩展,电阻变化率增大缓慢。

第二阶段:(20%~80%)极限跨中位移,混凝土开裂,受拉区碳纤维混凝土智能块产生新的裂缝,电阻变化率增大较快并产生第一个拐点。此阶段是混凝土构件工作的正常范围,且电阻变化率增大幅度较大,方便量测。

第三阶段:(80%~100%)极限跨中位移,混凝土跨中位移不断增大,裂缝迅速扩展,电阻变化率急剧增大,曲线出现第二个拐点,裂缝逐渐发展至简支梁破坏。

从以上试验结果可知,受拉区碳纤维混凝土智能块的电阻变化率与相对荷载、拉应变、跨中位移的变化关系是一致的,随着相对荷载、拉应变、跨中位移的增大而增大。因此,电阻变化率与荷载、受拉区碳纤维混凝土应变、跨中位移之间的关系具有一致性。

4) 梁顶受压区智能块电阻变化率与相对荷载、跨中位移及受压区应变的关系曲线

梁顶受压区智能块电阻变化率与相对荷载、跨中位移及受压区应变的关系曲线见图 9-15~图 9-17。

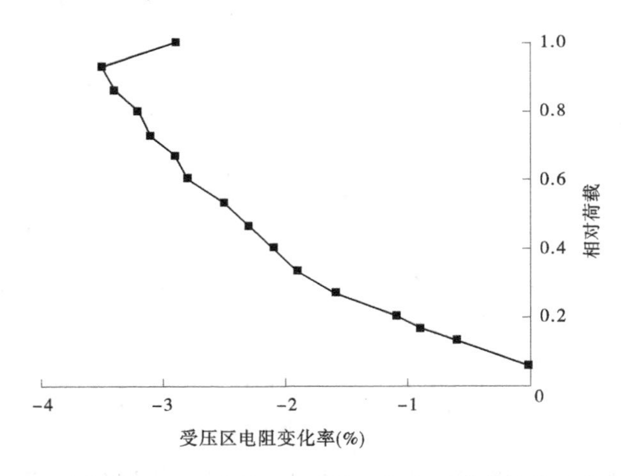

图 9-15　梁顶受压区智能块电阻变化率与相对荷载的关系曲线

由图 9-15~图 9-17 可知,受压区碳纤维混凝土智能块电阻变化率随着相对荷载、跨中位移、受压区应变的增大而增大,绝对电阻逐渐减小。

简支梁受弯构件在单调荷载作用下,正截面上部受压、下部受拉,受压区碳纤维混凝土智能块随着荷载的增加,电阻值减小;受拉区碳纤维混凝土智能块随着荷载的增加,电阻值增大。

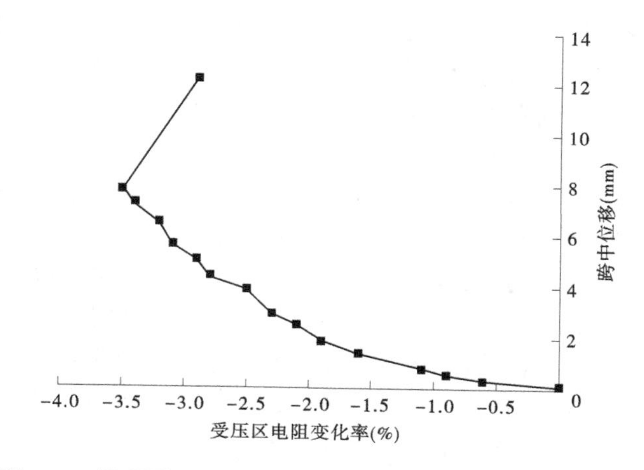

图9-16 梁顶受压区智能块电阻变化率与跨中位移的关系曲线

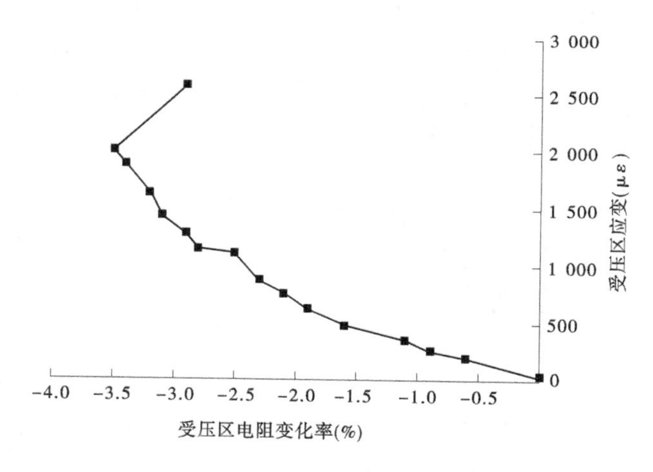

图9-17 梁顶受压区智能块电阻变化率与受压区压应变的关系曲线

随着荷载的增加,正截面上部受压,内部逐渐变得紧密,使得原有缺陷裂纹闭合,碳纤维之间的距离减小,并且碳纤维相互搭接的机会增加,从而形成新的导电通路,电子越过较窄势垒的可能性增大,电子可以从相邻的两根纤维之间越过,形成导电网络,从而受压区碳纤维混凝土智能块的电阻减小,导电能力增加。但当荷载继续增加到一定程度,超出弹性范围之后,混凝土内部产生了新的裂纹,原有裂纹也随荷载增加而张开,碳纤维之间距离增加,搭接的碳纤维分离或者碳纤维被拉断,电子发生跃迁变得困难,受压区碳纤维混凝土智能块电阻增加,导电能力下降;随着荷载的增加,正截面下部受拉,混凝土内部结构变得疏松，使得原有缺陷裂纹张开，碳纤维之间的距离增加，碳纤维相互搭接的机会减少，相邻纤维之间的势垒增加，电子需要更大的能量才能发生跃迁，使得隧道效应的发生变得更加困难，从而使受拉区碳纤维混凝土智能块的电阻增加，导电能力减弱。

根据碳纤维混凝土电阻率在受拉条件下的变化规律，将智能块预埋设于梁底，在梁开裂前，利用电阻的变化可以监测梁体荷载、位移、应变变化，在梁体开裂时，预埋于跨中的智能块电阻会发生突变，电阻变得很大，因此可以利用电阻的突变监测梁体的开裂。在梁体开裂之后，受拉区智能块退出工作，由上部受压区碳纤维混凝土智能块承担监测任务，根据上部受压区智能块的电阻变化，建立智能块电阻和荷载、位移、应变的关系，从而根据电阻的变化，可以得出荷载、位移、应变的大小。当受压区发生破坏时，智能块电阻会发生很大变化，电阻突然增加，从而可以监测梁体的破坏程度。

2. 受拉区预埋智能块厚度对电阻率和简支梁荷载、位移、应变关系的影响

分别研究梁底碳纤维混凝土智能块厚度分别为 30 mm、60 mm 和 90 mm 的情况下，电阻变化率和荷载、应变的关系，分析碳纤维混凝土智能块厚度对监测结果的影响。试验结果如图 9-18、图 9-19 所示。

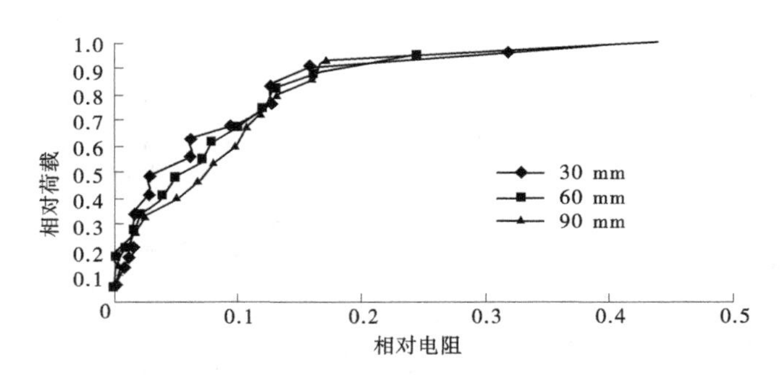

图 9-18　受拉区智能块的电阻变化率和荷载的关系曲线

对比图 9-18 和图 9-19 可知，在相同荷载作用下，随着碳纤维混凝土智能块厚度变化，梁底碳纤维混凝土智能块电阻变化率变化不明显。为了精确测取检测位置的受力性能，建议碳纤维混凝土智能块厚度尽量减小。

3. 循环荷载下，预埋智能块电阻变化率与简支梁荷载、位移、应变的关系

在其他试验条件相同的情况下，分别在 30%、60% 和 80% 极限荷载水平下，循环加载，研究碳纤维混凝土智能块电阻变化率和简支梁荷载、位移、应变之间的关系，每个荷载水平循环加载 5 次。

(1)在 30%极限荷载循环作用下,试验结果如图 9-20 所示。

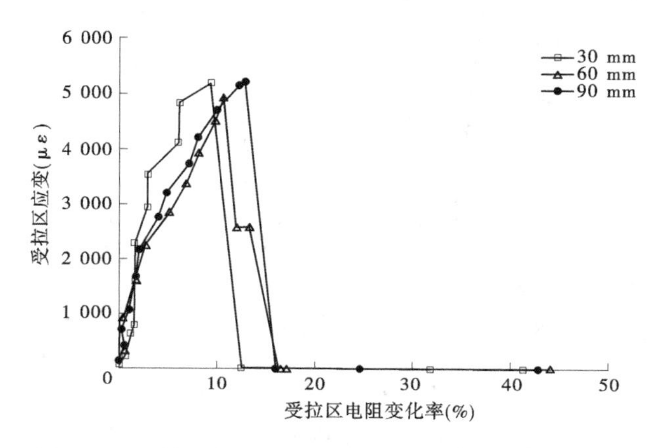

图 9-19　受拉区智能块电阻变化率与受拉区应变的关系

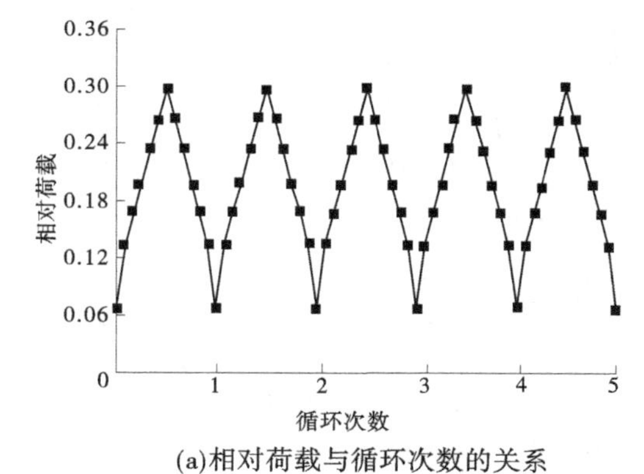

(a)相对荷载与循环次数的关系

(b)受拉区应变与循环次数关系

图 9-20　30%极限荷载循环作用

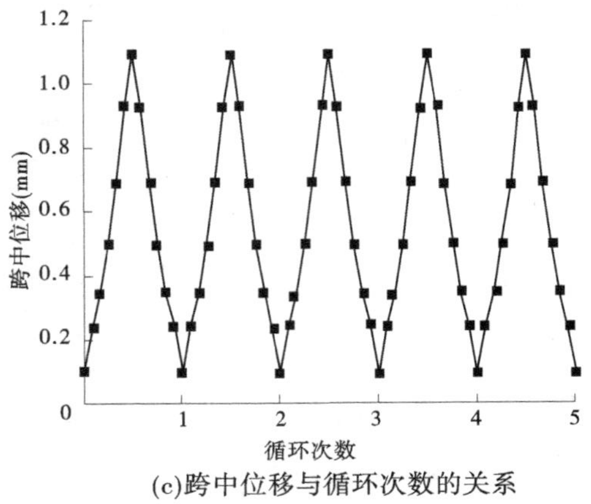

(c)跨中位移与循环次数的关系

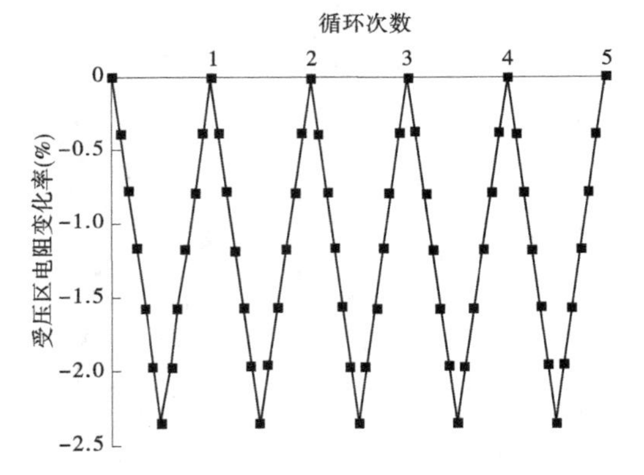

(d)受压区电阻变化率与循环次数的关系

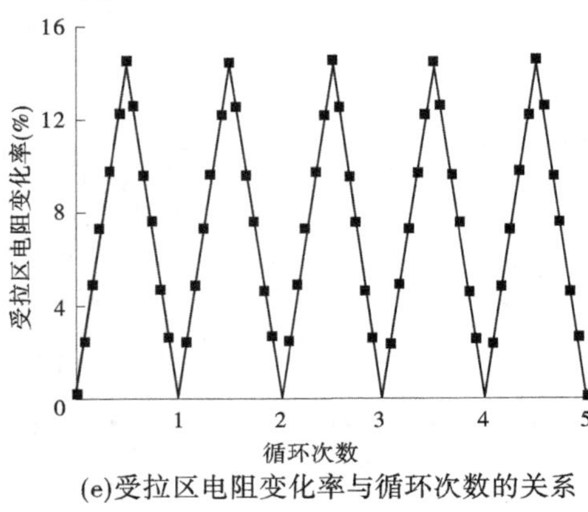

(e)受拉区电阻变化率与循环次数的关系

续图 9-20

由图 9-20(a)、(b)、(c)可知，荷载随着循环次数呈等幅循环变化时，受拉区碳纤维混凝土应变、跨中位移随着荷载的增大而增大，随着荷载的减小而减小，与荷载有良好的对应关系。由图 9-20(d)可知，在循环荷载作用下，受压区碳纤维混凝土电阻变化率呈现等幅循环变化，与荷载、受拉区碳纤维混凝土应变、跨中位移的变化也具有良好的对应关系，电阻变化率随着荷载的增大而减小，随着荷载的减小而增大。由图 9-20(e)可知，受拉区碳纤维混凝土电阻变化率随着荷载的增大而增大，随着荷载的减小而减小。

(2)在 60%极限荷载循环作用下，试验结果如图 9-21 所示。

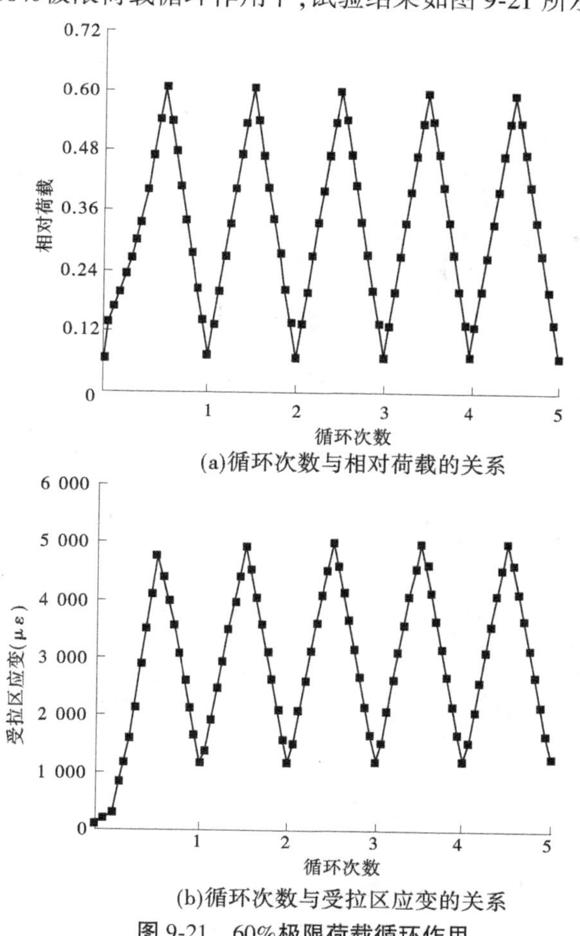

(a)循环次数与相对荷载的关系

(b)循环次数与受拉区应变的关系

图 9-21　60%极限荷载循环作用

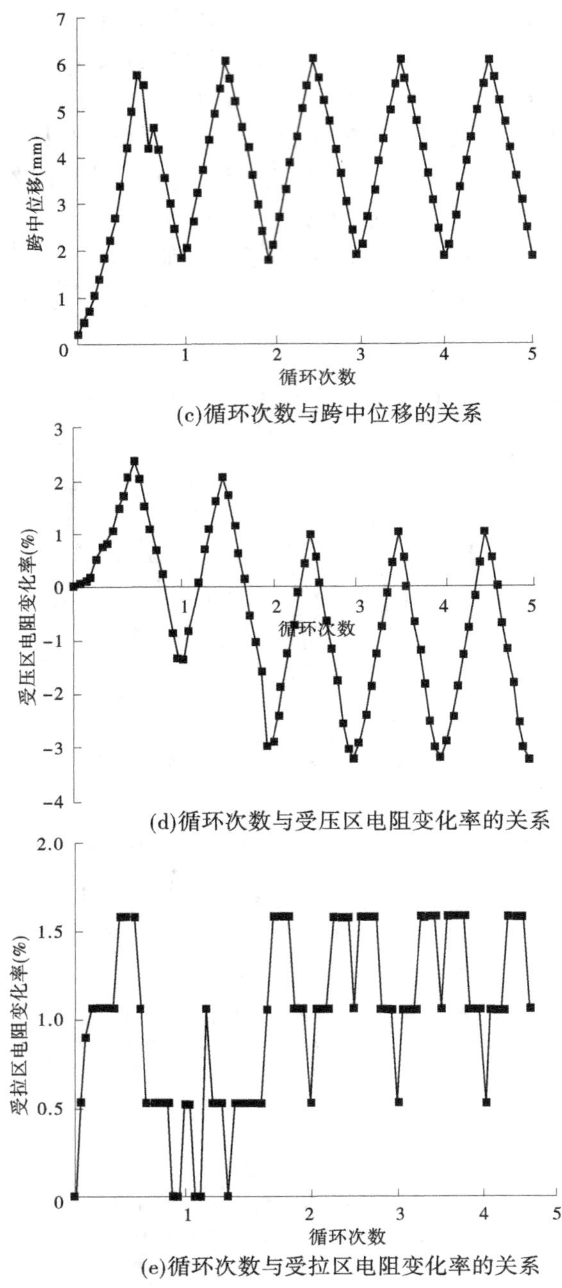

(c)循环次数与跨中位移的关系

(d)循环次数与受压区电阻变化率的关系

(e)循环次数与受拉区电阻变化率的关系

续图 9-21

由图 9-21(a)、(b)、(c)可知，荷载随着循环次数的变化近似等幅循环，受拉区碳纤维混凝土应变、跨中位移随着荷载的增大而增大，随着荷载的减小而减小。但由图 9-21(b)、(c)可知，在第一个循环后，受拉区碳纤维混凝土应变和跨中位移都无法恢复到初始值，在以后的循环中，受拉区碳纤维混凝土应变和跨中位移呈现等幅循环变化。由图 9-21(d)可知，受压区电阻变化率随着荷载的增大而增大，随着荷载的减小而减小，但是经过第一个循环之后，卸载之后的电阻变化率无法恢复到初始值，最小值和最大值均呈现减小趋势，经过两个循环之后，受压区碳纤维混凝土电阻变化率呈现等幅循环变化。由图 9-21(e)可知，受拉区碳纤维混凝土电阻变化率随着荷载的增大而增大，随着荷载的减小而减小，但是第一个循环卸载之后，电阻变化率无法恢复到初始值，且在整个加载过程中，电阻变化率具有离散性。

(3)在 80%极限荷载循环作用下，试验结果如图 9-22 所示。

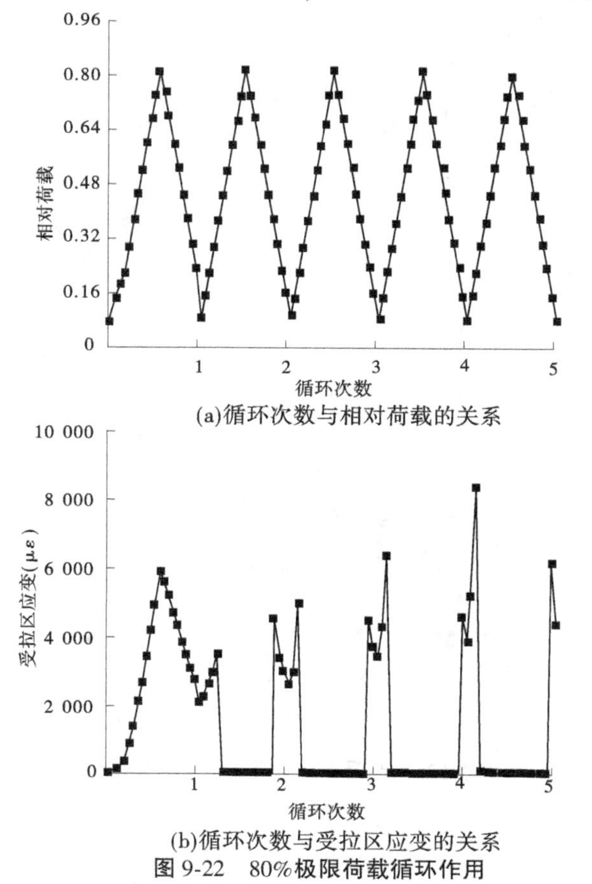

图 9-22　80%极限荷载循环作用

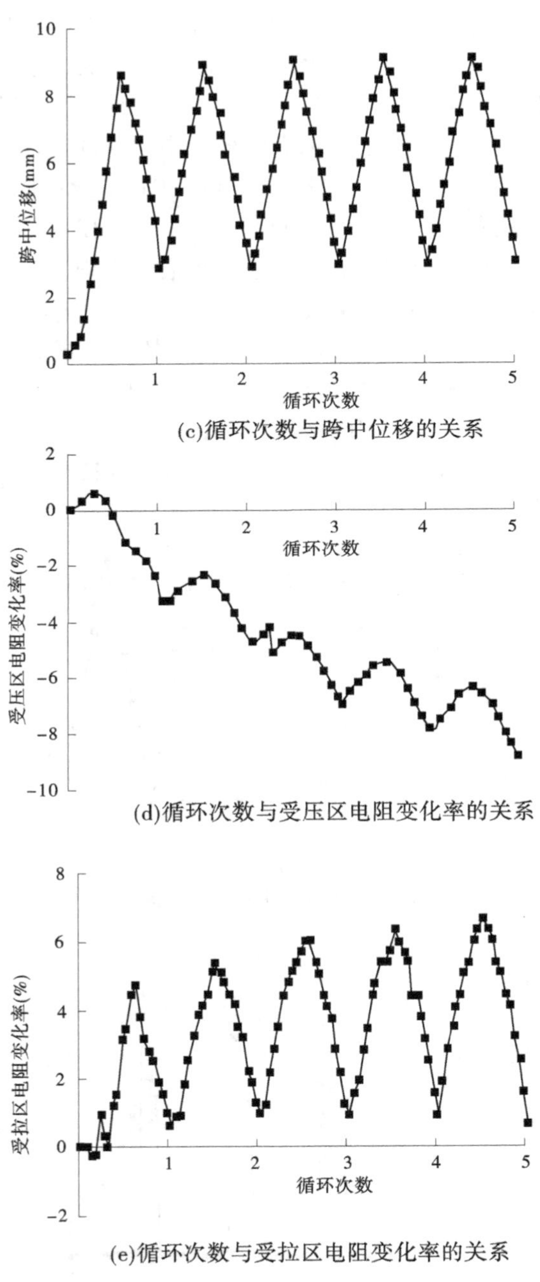

(c)循环次数与跨中位移的关系

(d)循环次数与受压区电阻变化率的关系

(e)循环次数与受拉区电阻变化率的关系

续图 9-22

由图9-22(a)、(b)、(c)可知,荷载随着时间增加呈现等幅循环变化,受拉区碳纤维混凝土应变随着荷载的增大而增大,当增加到最大荷载之后,卸载的过程中,应变突然回零,说明应变片已被拉断;跨中位移随着荷载的增大而增大,随着荷载的减小而减小,但当经过第一个循环之后,跨中位移不能恢复到初始值。由图9-22(d)可知,随着荷载增大,受压区碳纤维混凝土电阻变化率减小,随着荷载减小,电阻变化率减小,电阻变化率的极大值和极小值均呈现减小趋势。由图9-22(e)可知,随着荷载增大,受拉区碳纤维混凝土电阻变化率增大,随着荷载减小,电阻变化率减小,每个循环过后,电阻变化率峰值呈现增大趋势。

综合以上试验结果,在30%极限荷载循环作用下,混凝土处于弹性阶段,没有发生塑性变形,所以电阻变化率与受拉区碳纤维混凝土应变、跨中位移、荷载均呈现良好的对应关系。因此在弹性阶段,可将监测信号加以放大,用智能块的电阻变化率来监测荷载、应变、跨中位移的变化情况,且准确度较高。在60%极限荷载循环作用下,混凝土发生塑性变形,变形不能完全恢复到原状,故受拉区碳纤维混凝土应变、跨中位移在经历第一个循环卸载后并不能完全恢复到原状,经历过第一个循环,以后的循环呈现等幅循环状态。在80%极限荷载循环作用下,混凝土发生较大的塑性变形。受拉区碳纤维混凝土随着荷载增加,碳纤维之间的距离增大,搭接的碳纤维被拉开,相邻的碳纤维距离增大,电阻变化率增大,卸载过程中,被拉开的碳纤维又搭接在一起,故而电阻变化率又减小,随着循环次数的增多,碳纤维之间的搭接以及碳纤维和混凝土之间的接触越来越不紧密,电阻变化率发生不可逆的增长,电阻变化率的峰值也在逐渐增加。受压区碳纤维混凝土随着荷载增加体积发生压缩,碳纤维之间的距离缩小,因此碳纤维混凝土电阻变化率减小,随着荷载的继续增大,碳纤维混凝土内部产生裂缝,在卸载的过程中,内部裂缝闭合一部分,故而电阻变化率又减小了一部分,但是电阻率已经不能恢复到原来的状态,随着循环次数的增加,电阻变化率的最大值很快增大,电阻率的最小值也逐渐增大。

9.3　本章小结

本章通过试验研究了埋设碳纤维混凝土智能块的混凝土柱和梁,在荷载作用下电阻率、跨中位移、应变的对应关系,主要结论如下:

(1)内埋碳纤维混凝土智能块的短柱在荷载作用下,其电阻变化率与应力、位移、应变之间具有良好的对应关系,并通过最小二乘法拟合了它们之间的关系式,为碳纤维混凝土定量检测构件的安全状况提供了依据。

(2)简支梁在单调荷载作用下,受拉区和受压区碳纤维混凝土智能块的电阻率和荷载、应变、跨中位移均具有明显的对应关系。

(3)碳纤维混凝土智能块厚度与电阻变化率关系不明显,建议碳纤维混凝土智能块厚度尽量减小,以便更精确测取检测位置的受力性能。

(4)在循环荷载作用下,当荷载为30%极限强度时,碳纤维混凝土智能块电阻变化率与梁荷载、应变、跨中位移的线性关系较好;当荷载为60%极限强度时,混凝土已经发生塑性变形,碳纤维混凝土智能块电阻变化率在第一个循环中造成了不可恢复的降低,此后呈现等幅循环变化;在荷载为80%极限强度时,混凝土发生塑性变形的程度更大,由于发生较大的塑性变形,受压区碳纤维混凝土智能块电阻变化率极大值和极小值均呈现减小趋势,受拉区碳纤维混凝土智能块电阻变化率峰值呈增大趋势。

参考文献

[1] 尚国秀. 碳纤维水泥基复合材料纤维分散性及导电性能试验研究[D]. 郑州:郑州大学,2015.

[2] 王敦斌. 微细导电材料对碳纤维混凝土导电性能影响的试验研究[D]. 郑州:郑州大学,2015.

[3] 刘大超. 钢渣微粉改性碳纤维混凝土的电热效应及温升试验研究[D]. 郑州:郑州大学,2015.

[4] 王福玉. 粗骨料碳纤维混凝土导电特性研究[D]. 郑州:郑州大学,2014.

[5] 李源. 碳纤维智能混凝土力电性能试验研究[D]. 郑州:郑州大学,2012.

[6] Juhong Han, Dunbin Wang, Peng Zhang. Effect of nano and micro onductive materials on conductive properties of carbon fiber reinforced concrete[J]. Nanotechnology Reviews, 2020(9): 445-454.

[7] 贺福. 碳纤维及石墨纤维[M]. 北京:化学工业出版社,2010.

[8] 陈兵,姚武,吴科如,等. 受压荷载下碳纤维水泥基复合材料机敏性研究[J]. 建筑材料学报,2002(2):108-113.

[9] Sihai Wen, D D L Chung. Piezoresistivity-Based Strain Densing in Carbon Fiber-Reinforced Cement[J]. Aci Materials Journal, 2007, 104(2):171-179.

[10] 侯作富,李卓球,唐祖全. 融雪化冰用碳纤维混凝土的导电性能研究[J]. 武汉理工大学学报,2002,24(8):32-34.

[11] 唐祖全,李卓球,钱觉时. 碳纤维导电混凝土在路面除冰雪中的应用研究[J]. 建筑材料学报,2004(2):215-220.

[12] Jing Xu, Wu Yao. Electrochemical studies on the performance of conductive overlay material in cathodic protection of reinforced concrete[J]. Construction and Building Materials, 2011(25):2655-2662.

[13] 张卫东,徐学燕. 碳纤维混凝土的特性及发展前景[J]. 森林工程,2004,20(1):61-63.

[14] 姚武,王瑞卿. 内埋 CFRC 材料的混凝土梁的应变主动调节[J]. 同济大学学报:自然科学版,2007(3):377-380.

[15] Dragos-Marian Bontea, D D L Chung. Damage in carbon fiber-reinforced concrete, monitored by electrical[J]. Cement and Concrete research, 2000(30):651-659.

[16] 吴献,周志强,杜志强,等. 碳纤维混凝土在动态称重中的应用[J]. 沈阳建筑大学学报:自然科学版,2010(1):92-95.

[17] 侯作富,李卓球,唐祖全. 融雪化冰用碳纤维混凝土的导电性能研究[J]. 武汉理工大学学报,2002(8):32-34.

[18] Sherif Yehia, Christopher Y Tuan, David Ferdon, et al. Conductive Concrete overlay for

Bridge Deck Deicing: Mixture Proportioning, optimixation, and properties [J]. Aci Materials Journal, 2000, 97(2): 172-181.

[19] Makkonen, Lasse, Ahti,et al. Climatic Mapping of Ice Loads Based on Airport Weather Observations[J]. Atmostheric Research. 1995, 36(3):139-143.

[20] 魏玉新,李雷. 冰雪清除法与产品开发[J]. 机械工程师,1999(3): 36.

[21] 徐家云,刘科,赵勇,等. 碳纤维混凝土电热效应提高连续梁承载力研究[J]. 华中科技大学学报:自然科学版,2009(12):129-132.

[22] 李克智,王闯,李贺军,等. 碳纤维增强水泥基复合材料屏蔽性能的研究[J]. 功能材料,2006(8):1235-1238.

[23] Sihai Wen, D D L Chung. Electrical resistance based damage self-sensing[J]. Carbon, 2007(45):710-716.

[24] D D L Chung. Cement reinforced with short carbon fibers: a multifunctional material[J]. Composites, 2000, 31: 511-526.

[25] 姚康德,许美萱. 智能材料——21 世纪的新材料[M]. 天津:天津大学出版社,1996.

[26] Dry,Carolyn. Matrix cracking repair and filling using active and passive modes for smart timed release of chemicals from fibers into cement matrices [J]. Smart Materials and Structures, 1994(2):118-123.

[27] Sihai Wen, D D L Chung. Model of piezoresistivity in carbon fiber cement[J]. Cement and Concrete Research, 2006(36):1879-1885.

[28] D S Mclachlan, M Blaszkiewicz, R E Newnham. Electrical resistivity of composites[J]. Journal of the American Ceramics Society, 1990, 73(8): 2187-2203.

[29] N Bonanos, E Lilley. Conductivity relations in single crystals of sodium chloride containing suzuki phase precipitates[J]. Journal of physical and Chemical Solids, 1981, 42(10): 943-952.

[30] Z Fan. A new approach to the electrical resistivity of two-Phase composites [J]. Acta Metallurgica Et Materialia, 1995, 43(1): 43-49.

[31] M Weber, M R Kamal. Estimation of the volume resistivity of electrically conductive composites[J]. Polymer Composites, 1997, 18(6): 726-740.

[32] 张其颖. 碳纤维增强水泥混凝土复合材料的研究与应用[J]. 纤维复合材料,2001(2):49-50.

[33] 杨元霞,毛起炤,沈大荣,等. 碳纤维水泥基复合材料中纤维分散性的研究[J]. 建筑材料学报,2001,4(1):84-88.

[34] 关新春,韩宝国,欧进萍. 碳纤维在水泥浆体中的分散性研究[J]. 混凝土与水泥制品,2002(2):34-36.

[35] Pu-Woei Chen,Xuli Fu,D D L Chung. Carbon fiber reinforced concrete for smart structures capable of non-destructive flaw detection[J]. Smart Material Structure,1993(2):22-30.

[36] Xuli Fu, D D L Chung. Self-monitoring of fatigue damage in carbon fiber reinforced cement [J]. Cement and Concrete Research, 1996, 26(1): 15-20.

[37] D D L Chung. Self-monitoring structural materials[J]. Materials Seience & Engineering, 1998, 22(2): 57-58.

[38] 孙明清,张晖,李卓球,等. CFRC 机敏混凝土中碳纤维的分散性研究[J]. 混凝土与水泥制品,2004(5):38-41.

[39] 王闯,李克智,李贺军. 短碳纤维在不同分散剂中的分散性[J]. 精细化工,2007,24(1):1-4.

[40] Xuli Fu, Weiming Lu, D D L Chung. Improving the bond strength between carbon fiber and cement by fiber surface treatment and polymer addition to cement mix[J]. Cement and Concrete Research, 1996, 26(7): 1007-1012.

[41] Xuli Fu, Weiming Lu, D D L Chung. Improving the strain-sensing ability of carbon-fiber-reinforced cement by ozone treatment of the fibers[J]. Cement and Concrete Research, 1998, 28(2): 183-187.

[42] Weiming Lu, Xuli Fu, D D L Chung. A comparative study of the wettability of steel, carbon, and polyethylene fibers by water[J]. Cement and Concrete Research, 1998, 28(6): 783-786.

[43] Yunsheng Xu, D D L Chung. Carbon fiber reinforced cement improved by using Silane-treated carbon fiber[J]. Cement and Concrete Research, 1999, 29(5): 773-776.

[44] 关新春,韩宝国,欧进萍,等. 表面氧化处理对碳纤维及其水泥石性能的影响[J]. 材料科学与工艺,2003,11(4):343-346.

[45] 李庆余,赖延清,李劼. 碳纤维表面处理对铝电解用硼化钛阴极涂层性能的影响[J]. 材料科学与工程学报,2003,21(5):664-667.

[46] 水中和,赵正齐,李超,等. 表面处理对碳纤维在水泥浆体中分散性的影响[J]. 武汉理工大学学报,2003,25(12):17-19.

[47] David G. Meehan, Shoukal Wang. Electrical resistance based Sensing of Impact Damage in [J]. Journal of Intelligent Material Systems and Structures, 2010, 21(21): 83-105.

[48] Jingyao Cao, D D L Chung. Electric polarization and depolarization in cement-based materials[J]. Cement and Concrete Research, 2004(34): 481-485.

[49] Wen Sihai, D D L Chung. Effect of moisture on piezoresistivity of carbon fiber-reinforced cement paste[J]. Aci Materials Journal, 2008, 105(3): 274-280.

[50] FJavier Baeza, D D L Chung. Triple Percolation in Concrete Reinforced with Carbon Fiber [J]. Aci Materials Journal, 2010, 107(4): 396-402.

[51] Bontea Dragos-Marian, D D L Chung. Lee G C. Damage in carbon fiber-reinforced concrete, monitored by electrical resistance measurement[J]. Cement and Concrete Research, 2000, 30: 651-659.

[52] 张跃,职任涛,朱逢吾,等.碳纤维(LCF)—无宏观缺陷(MDF)水泥基复合材料电学性能的研究[J].材料科学进展,1992,58(4):691-697.

[53] 孙建刚,杨伟东,张斌.基于均匀试验的碳纤维混凝土导电性研究[J].大连民族学院学报,2007(1):20-23.

[54] 吴献,周志强,王丽娜.碳纤维水泥基复合材料在循环荷载作用下的压敏性[J].沈阳建筑大学学报:自然科学版,2009(2):290-293.

[55] P Xie, J J Beaudoin. Electrically Conductive Concrete and Its Application in Deicing [C]//Advances in Concrete Technology. Proceedings, Second Canmer/Aci International Symposium, SP-154, American Concrete Institute, Farmington Hills, Mich., 1995: 399-417.

[56] Wen Sihai, Wang shoukai, D D L Chung. Carbon fiber structural composites as thermistors. Sensor and Actuators, 1999, 78: 180-188.

[57] 李仁福,戴成琴. 导电混凝土采暖地面[J].混凝土,1998(1):47-48.

[58] 车广杰.碳纤维发热线用于路面融雪化冰的技术研究[D].大连:大连理工大学, 2008.

[59] 赵娇.碳纤维智能混凝土的电-热-力效应研究[D].南京:南京理工大学,2008.

[60] 祁显宽,孙明清,李红,等.铺设碳纤维-玻璃纤维格栅的沥青混凝土路面融雪试验研究[J]. 武汉理工大学学报:交通科学与工程版,2014,38(1): 130-133.

[61] 陈龙凤,丁一宁.碳纤维混凝土导电性能的试验研究[C]//新型建筑材料杂志社,第十二届全国纤维混凝土学术会议论文集,2008:175-178.

[62] KangInpi,Heung Yun Yeo. Introduction to carbon nanotube and nanofiber smart materials [J]. Composites Part B: Engineering,2006(37):382-394.

[63] Chang Christiana, Ho Michelle, Song Gangbing, et al. Development of self-heating concrete utilizing carbon nannofiber heating elements [C] // Hong Kong Polytechnic University,Proceedings of the 1st International Postgraduate Conference on Infrastructure and Environment,2009:500-507.

[64] Metaxa Zoi S, Konsta-Gdoutos Maria S, Shah Surendra P. Mechanical properties and nanostructure of cement-based materials reinforced with carbon nanofibers and Polyvinyl Alcohol (PVA) microfibers [C] // American Concrete Institute, Aci Spring 2010 Convention, 2010:115-126.

[65] Azhari Faezeh, Banthia Nemkumar. Cement-based sensors with carbon fibers and carbon nanotubes for piezoresistive sensing [J]. Cement and Concrete Composites, 2012, 34: 866-873.

[66] 姚武,左俊卿,吴科如.碳纳米管-碳纤维/水泥基材料微观结构和热电性能[J].功能材料,2013(13):1924-1927.

[67] 马雪平.碳纳米管水泥基复合材料压敏性能研究[D].济南:山东大学,2013.

[68] 高迪,彭立敏,Y L Mo. 纳米碳纤维混凝土力学性能的试验研究[J]. 铁道科学与工程学报,2011(3):18-24.

[69] 孙家瑛. 钢渣微粉对混凝土抗压强度和耐久性的影响[J]. 建筑材料学报,2005(1):63-66.

[70] 唐祖全,钱觉时,王智,等. 钢渣混凝土的导电性研究[J]. 混凝土,2006(6):12-14.

[71] 贾兴文,唐祖全,钱觉时. 钢渣混凝土压敏性研究及机理分析[J]. 材料科学与工艺,2010(1):66-70.

[72] 韩宝国,关新春,欧进萍. 碳纤维水泥基材料导电性与压敏性的试验研究[J]. 材料科学与工艺,2006,14(1):1-4.

[73] 伍建平,姚武,刘小艳. 导电水泥基材料的制备及其电阻率测试方法研究[J]. 材料导报,2004,18(12):85-87.

[74] 侯作富. 雪化冰用碳纤维导电混凝土的研制及应用研究[D]. 武汉:武汉理工大学,2003.

[75] 中华人民共和国水利部. 水工混凝土试验规程:SL 352—2006[S]. 北京:中国水利水电出版社,2006.

[76] 吴科如,陈兵,姚武. 碳纤维机敏水泥基材料性能研究[J]. 同济大学学报:自然科学版,2002,30(4):456-463.

[77] 姚武,王婷婷. 碳纤维水泥基材料的温阻效应及其测试方法[J]. 同济大学学报:自然科学版,2007(4):511-514.

[78] Li Z J, Li W L. Contactless transformer based measurement of the resistivity of materials: U. S, 6639401[P]. 2003:10-28.

[79] 史美伦. 交流阻抗谱原理及其应用[M]. 北京:国防工业出版社,2001.

[80] 宋文娟,杨正宏,史美伦. 研究水泥基材料性质的时间电流法[J]. 建筑材料学报,2008(1):76-79.

[81] 张莹,史美伦. 水泥基材料水化过程的交流阻抗研究[J]. 建筑材料学报,2000,3(2):109-112.

[82] H W Whittington, J Mc Carter, M C Forde. The conduction of electricity through concrete[J]. Mag. Concr. res. 1981,33(114):48-55.

[83] 孙明清. 碳纤维混凝土与素混凝土的力电机敏性及应用研究[D]. 武汉:武汉理工大学,2001.

[84] 李克智,王闯,李贺军,等. 碳纤维增强水泥基复合材料的发展与研究[J]. 材料导报,2006,20(5):85-88.

[85] 韩宝国,关新春,欧进萍. 基于炭纤维水泥基材料电阻率变化的水化进程监测[J]. 新型炭材料,2007,22(2):165-170.

[86] 王忠和. 碳纤维混凝土在几种不同测试条件下压敏性的稳定性研究[D]. 汕头:汕头大学,2008.

[87] Sihai Wen, D D L Chung. Double percolation in the electrical conduction in carbon[J]. Carbon, 2007(45):263-267.

[88] 杨元霞,刘宝举. 导电混凝土及机敏混凝土电阻测试中电极的研制[J]. 混凝土与水泥制品,1997(2): 8-9.

[89] 钱觉时,谢从波,邢海娟, 等. 聚羧酸减水剂对水泥基材料中碳纤维分散性的影响[J]. 功能材料,2013(16):2389-2392.

[90] 李炳良,王闯,马婷,等. 碳纤维在水泥基体中的分散性研究[J]. 大连交通大学学报,2017(4):147-150.

[91] 董广雨,丁玉梅,杨卫民,等. 超声波-双氧水联合氧化处理连续碳纤维表面的研究[J]. 北京化工大学学报:自然科学版,2017(6):45-49.

[92] N Banthia, S Djeridane, M Pigeon. Electrical resistivity of carbon and steel micro-fiber reinforced cements[J]. Cement and Concrete Research,1992(22) 804-814.

[93] Alireza Sassani, Halil Ceylan, et al. Influence of mix design variables on engineering properties of carbon fiber-modified electrically conductive concrete[J]. Construction and Building Materials, 2017(152) 168-181.

[94] Panagiota T. DallaKonstantinos G. Dassios, et al. Carbon nanotubes and nanofibers as strain and damage sensors for smart cement[J]. Material Today Communications, 2016(8) 196-204.

[95] Emmanuel E. Gdoutos, Maria S. Konsta-Gdoutos, et al. Portland cement mortar nanocomposites at low carbon nanotube and carbon nanofiber content: A fracture mechanics experimental study[J]. Cement and Concrete Composites,2016(70) 110-118.